아무도 가르쳐주지 않았던

프로가 되기 위한
빵 교 과 서

자 연 발 효 종

아무도
가르쳐주지 않았던

프로가 되기 위한
빵교과서

Roti-Orang Makoto Hotta 지음

용동희 옮김

THE SECRETS OF BREAD

자 연 발 효 종

PROLOGUE

2017년에 출간한 『프로가 되기 위한 빵교과서』는
빵을 만드는 과정에 초점을 맞췄습니다.
이번에는 한 걸음 더 나아가 「발효」라는 키워드에 대해 이야기하고자 합니다.
빵 만들기에서 「발효」란 효모균 발효를 말합니다.

로티 오랑에서는 효모균 발효를 「부풀리는 것」일 뿐 아니라,
「감칠맛」, 「신맛」으로 변화시키는 것이라고 생각합니다.
발효는 효모균, 유산균, 누룩곰팡이균 등의 발효균과 깊은 관련이 있으므로,
각각의 특징을 이해하고 빵을 만들어야 합니다.
또한 발효균 가까이에는 부패균도 존재하므로,
발효균을 잘 구분해서 사용하는 것도 중요합니다.

게다가 효모균, 유산균, 누룩곰팡이균 중에도
사람에게 나쁜 영향을 주는 종류가 있기 때문에 주의해야 합니다.
특히 누룩곰팡이균처럼 곰팡이독을 만드는 균과 가까운 균을 사용할 경우에는,
시판되는 제품을 사용하는 것이 좋습니다.

전문가가 특별히 선별한 재료가
어떤 방법으로 감칠맛과 신맛으로 바뀌어 가는지 발효종을 통해 체험하면,
선인들의 지혜에 감탄하게 될 것입니다.
만드는 방법은 무한합니다.
자신이 좋아하는 감칠맛과 신맛을 찾아서 빵 만들기를 즐겨보기 바랍니다.

또한 이 책에서 소개한 빵을 실제로 만들어보면,
책에 나온 그대로 똑같은 빵은 만들지 못할 수도 있습니다.
그 이유는 발효종을 만드는 장소마다 존재하는 균이 다르기 때문입니다.
그래서 자신이 만든 발효종으로 빵을 만들면 각각 다른 맛이 되어,
빵을 만드는 즐거움도 더욱 다채로워집니다.

Roti-Orang Makoto Hotta

CONTENTS

로티 오랑이 생각하는
빵 만들기

빵 만들기는 밀가루, 효모균, 물, 소금이라는 기본 재료를 적절히 배합하는 것이 포인트이다. 밀가루, 효모균, 물은 서로 깊이 연관되어 있으며 떼려야 뗄 수 없는 관계이다. 여기에 소금을 넣어 맛을 살린다. 소금은 「밀가루+물」(= 단백질), 「밀가루+효모균」(=효소활성), 「효모균+물」(=삼투압)에 영향을 준다. 아래는 이 관계를 그림으로 표현한 것이다. 우선 이 관계를 확실히 이해하는 것이 중요하다.

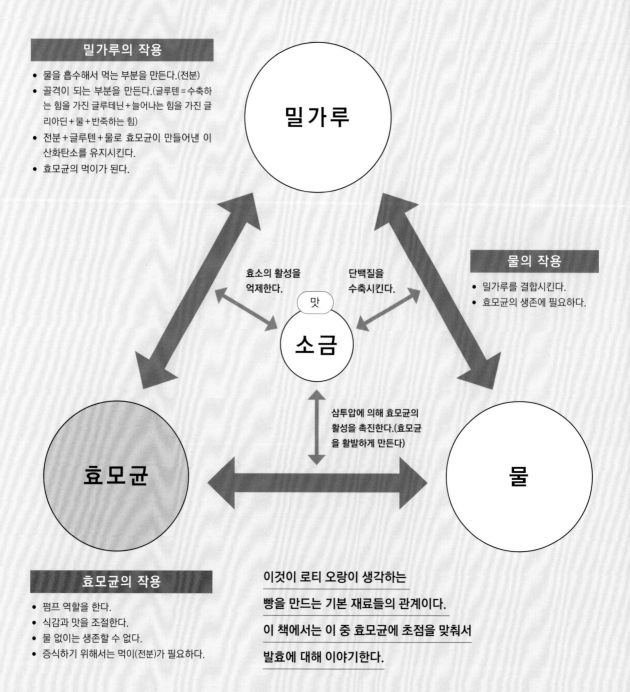

밀가루의 작용

- 물을 흡수해서 먹는 부분을 만든다.(전분)
- 골격이 되는 부분을 만든다.(글루텐=수축하는 힘을 가진 글루테닌+늘어나는 힘을 가진 글리아딘+물+반죽하는 힘)
- 전분+글루텐+물로 효모균이 만들어낸 이산화탄소를 유지시킨다.
- 효모균의 먹이가 된다.

밀가루

효소의 활성을
억제한다.

단백질을
수축시킨다.

맛

소금

물의 작용

- 밀가루를 결합시킨다.
- 효모균의 생존에 필요하다.

삼투압에 의해 효모균의 활성을 촉진한다.(효모균을 활발하게 만든다)

효모균

물

효모균의 작용

- 펌프 역할을 한다.
- 식감과 맛을 조절한다.
- 물 없이는 생존할 수 없다.
- 증식하기 위해서는 먹이(전분)가 필요하다.

이것이 로티 오랑이 생각하는
빵을 만드는 기본 재료들의 관계이다.
이 책에서는 이 중 효모균에 초점을 맞춰서
발효에 대해 이야기한다.

로티 오랑이 생각하는
효모균의 3가지 힘

「발효」라는 말은 매우 넓은 의미로 사용된다. 로티 오랑은 발효를 크게 3가지 타입으로 나눈다. 그리고 만들고 싶은 빵에 알맞는 타입의 효모균 또는 미생물 등을 사용한다. 각 타입마다 발효를 촉진하는 효모균, 유산균, 미생물 등이 다르고, 복잡한 요소가 얽혀있기 때문이다. 여기서 「발효」의 기본개념을 잘 기억해두자.

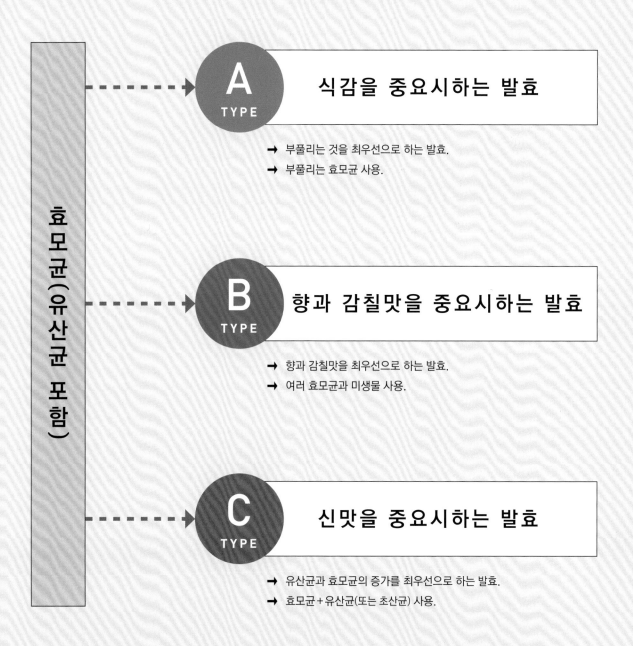

효모균(유산균 포함)

A TYPE
식감을 중요시하는 발효

➜ 부풀리는 것을 최우선으로 하는 발효.
➜ 부풀리는 효모균 사용.

B TYPE
향과 감칠맛을 중요시하는 발효

➜ 향과 감칠맛을 최우선으로 하는 발효.
➜ 여러 효모균과 미생물 사용.

C TYPE
신맛을 중요시하는 발효

➜ 유산균과 효모균의 증가를 최우선으로 하는 발효.
➜ 효모균＋유산균(또는 초산균) 사용.

발효에 대하여

발효란

일반적으로 효모균과 유산균의 공생관계를 말하며, 유산균이 늘어나면 효모균도 늘어나는 패턴과, 유산균이 지나치게 늘어나 효모균이 줄어드는 패턴이 있다. 유산균에 따라 효모균의 활동이 변하며 최적의 조건이 갖춰지면 효모균이 잘 자란다고 하지만, 이 메커니즘은 아직 밝혀지지 않았다. 단, 주의할 것은 「발효」와 「부패」는 다르다는 점이다. 이 사실을 확실히 알아두는 것이 중요하다.

발효종균의 환경조건

발효균은 여러 종류가 있지만, 빵 만들기에 사용하는 것은 효모균, 유산균, 초산균, 누룩곰팡이균의 4가지이다. 이 발효균들을 이 책에서는 발효종균이라고 부른다. 각각의 발효종균이 활발하게 활동하기 위해서는 5가지 환경조건(온도, 산소, 먹이, pH, 수분)을 갖춰야 한다.

① 온도

효모균과 유산균 모두 효소가 작용함에 따라 활발해진다. 활동온도는 4~45℃로, 가장 활성이 높아지는 온도는 25~35℃이다. 효소는 4℃에서 분해를 시작하여 30~40℃에서 가장 활발하게 작용한다. 이때 효소는 영양분을 효율적으로 분해하여 에너지를 만들어내고, 그 에너지로 효모균이 활발하게 증식한다. 그 뒤에는 단번에 분해속도가 떨어진다. 또한 효소는 단백질이 주성분이어서 50℃를 넘으면 열에 의해 단백질이 변성되고, 60℃를 넘으면 파괴되어 원래대로 돌아갈 수 없다.(열변성)

② 산소

빵이 부풀기 위해서는 알코올 발효와 산소가 필요하다. 알코올 발효에는 산소가 필요 없지만, 알코올 발효만으로는 부푸는 데 시간이 걸리고, 게다가 알코올 냄새가 강한 빵이 되어버린다. 따라서 호흡을 위해 산소가 필요하다. 효모균이 호흡을 하면, 먹이가 되는 포도당 1개에서 38의 에너지가 생겨나기 때문에 발효가 빨라진다.

③ 먹이(영양)

빵 만들기에서 먹이는 밀가루 속 전분이 분해된 맥아당이나, 재료로 넣는 설탕(자당)이다. 또한 맥아당이나 자당이 분해되어 생기는 포도당이나 과당도 먹이가 된다.

④ pH

발효에 관련된 미생물은 산성인 환경을 선호한다. 따라서 pH 값이 큰 영향을 미친다.

pH란

산성과 알칼리성의 강도를 1~14의 숫자로 나타낸 것으로, 수소이온 농도를 말한다. pH7＝중성이며, pH1에 가까울수록 산성도가 강하고, pH14에 가까울수록 알칼리도가 강하다. 수소이온 농도를 구하는 공식은 다음과 같다.

$pH = -\log_{10}[H^+]$

＊ [H⁺]＝수소이온 농도

[H⁺]는 10^{-a}로 표시하며 [H⁺]＝10^{-4} 이면 pH＝4가 된다.

즉 pH 값이 1만큼 작아지면 수소이온 농도는 10배, 100배, 1000배…… 로 늘어나므로, pH가 아주 조금만 달라져도 안에서는 큰 변화가 일어난다.

⑤ 수분

효소는 물속에서 활동하므로 수분이 반드시 필요하다.

빵 만들기 과정에서
발효종균의 역할

빵 만들기에는 단시간에 발효시키는 본반죽(빵반죽이라고 불린다) 발효와 긴 시간 동안 발효시키는 발효종 발효가 있다. 본반죽 발효는 빵효모(＝시판 이스트)가 주인공이며, 어떤 빵이든 만들 수 있다. 반면 발효종 발효는 발효종균(효모균, 유산균, 초산균, 누룩곰팡이균)이 주인공이며, 특별한 빵을 만들 수 있다.

본반죽 발효

- 단시간 발효.
- 일반적인 빵이라면 무엇이든 만들 수 있다.
- 빵 만들기의 주인공은 밀가루.
- 주인공 미생물은 빵효모(시판 이스트).
- 「식감」을 조절할 수 있다.
- 빵 속에서 부드럽게(약하게) 변한다.

발효종 발효

- 장시간 발효.
- 특별한 빵을 만들 수 있다.
- 빵 만들기의 주인공은 효모균과 유산균이다.
  균 종류가 많을수록 효과적이다.
- 「향과 감칠맛」을 조절할 수 있다.
- 빵 속에서 강하게 변한다.
  [빵효모(시판 이스트)도 포함]

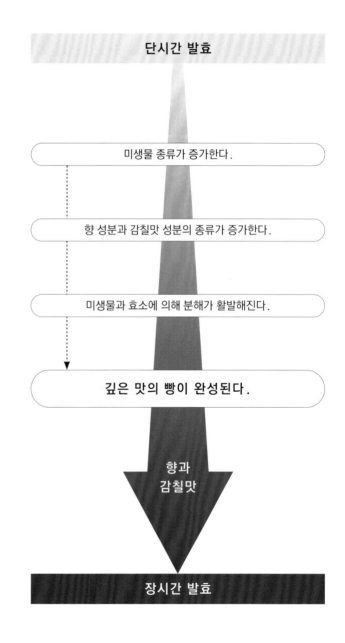

효모균은 영어로 「Yeast」(이스트)라고 하며 시판 이스트나 천연효모균, 직접배양 효모균 등이 있다. 산소가 있는 경우, 호흡을 통해 많은 에너지를 얻어 빠르게 증식하는 동시에 이산화탄소가 많이 생겨난다. 산소가 없는 경우, 알코올 발효를 하므로 얻는 에너지가 적고 천천히 증식하며 적은 양의 이산화탄소가 생겨난다. 효모균 중에서 빵 만들기에 자주 사용하는 것은 발포력이 강한 「사카로미세스 세레비지에(Saccharomyces cerevisiae)」이다. 그 밖에 발포력은 약해도 발효과정에서 감칠맛, 풍미, 향과 관련된 각종 유기산이나 알데히드 등을 생산하는 효모균들이 작용하여, 복잡한 발효를 통해 빵이 만들어진다.

효모균의 활동

* ATP = 먹이에 내재되어 있는 에너지

알코올 발효

$$C_6H_{12}O_6 \longrightarrow 2C_2H_5OH + 2CO_2 + 2ATP$$

포도당   에탄올   이산화탄소   에너지

효소가 활동한다

호흡

$$C_6H_{12}O_6 + 6O_2 \longrightarrow 6CO_2 + 6H_2O + 38ATP$$

포도당   산소   이산화탄소   물   에너지

효소가 활동한다

효모균이 활발하게 활동하기 위한 환경조건

① 온도

효모균의 활동온도는 4~40℃. 가장 활발하게 활동하는 온도는 25~35℃이다.

② 산소

산소가 없어도 효모균은 생존 가능하다. 단, 빠르게 많이 발포시키고 싶을 때는 산소가 필요하다.

③ 먹이(영양)

밀가루 속 전분이 분해되어 생긴 맥아당을 주식으로 삼는 효모균과, 설탕(자당)을 주식으로 삼는 효모균이 있으며 빵 만들기에는 어느 쪽 효모균이든 괜찮다.

④ pH

효모균의 활성은 약산성인 pH5~6에서 높아진다. 산성이나 알칼리성으로 지나치게 치우치면, 효모균도 효소도 단백질이므로 변성하여 파괴된다.

⑤ 수분

수분은 반드시 필요하다.

유산균

유산균은 당이나 단백질을 먹이로 유산을 만들어내 생명활동을 하는 세균류를 통틀어 말한다. 산소 없이도 활발하게 증식하는 것이 특징이다. 크게 유산만 만드는「호모형 유산균」과 유산 이외의 것도 만드는「헤테로형 유산균」으로 나눌 수 있다. (「호모」란 '같은', 「헤테로」란 '다른'이라는 뜻이다) 효모균과 마찬가지로 먹은 먹이를 에너지로 분해하지만, 효모균과는 분해 방식이 다르다. 유산균은 종류가 셀 수 없이 많고, 온도나 pH 등 활발하게 활동하는 조건이 각각 다르다.

유산균의 활동

* 효모균만 알코올을 만드는 것은 아니며, 초산균만 초산(아세트산)을 만드는 것도 아니다. 유산균인데 유산뿐 아니라 알코올이나 초산을 만드는 것도 있다.

호모형 유산균

$$C_6H_{12}O_6 \longrightarrow 2C_3H_6O_3 + 2ATP$$

포도당 → 유산 + 에너지

효소가 활동한다

헤테로형 유산균

$$C_6H_{12}O_6 \longrightarrow C_3H_6O_3 + C_2H_5OH + CO_2 + ATP$$

포도당 → 유산 + 에탄올 + 이산화탄소 + 에너지

효소가 활동한다

유산균이 활발하게 활동하기 위한 환경조건

① 온도

효모균과 활동온도(4~40℃)는 같지만, 30℃ 이상의 고온영역이나 20℃ 안팎의 다소 낮은 저온영역에서 활발하게 활동하는 유산균도 있다. 구체적으로 설명하기는 어렵지만, 경험으로 볼 때 고온영역에서 자라면 산뜻한 신맛을 가진 빵이 되고, 저온영역에서 자라면 신맛이 강한 빵이 된다.

② 산소

기본적으로는 산소 없이 발효한다.

③ 먹이(영양)

당류 또는 단백질이 먹이가 된다.

④ pH

pH6.5~pH3.5 정도까지 활동하지만 pH4~4.5 이내에서 가장 활발하다.

⑤ 수분

수분은 반드시 필요하다.

초 산 균

초산균은 에탄올을 산화시키고 초산(아세트산)을 만들어 생명활동을 하는 세균류를 통틀어 말한다. 먹이는 당이라기보다 당을 먹이로 효모균이 만든 알코올이며, 산소도 필요로 한다. 효모균이 늘어날 때 먹이인 당을 모두 사용해도, 알코올만 있으면 증식한다. 초산은 살균작용이 강하므로 천천히 발효하면서 증식한다. 초산균은 크게 알코올을 산화시키는 아세토박터(Acetobacter)속과 포도당을 산화시키는 글루코노박터(Gluconobacter)속으로 나눌 수 있다.

초산균의 활동

호모균의 알코올 발효

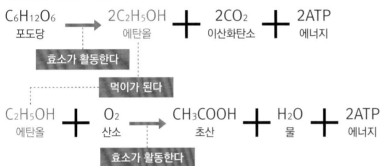

$$C_6H_{12}O_6 \longrightarrow 2C_2H_5OH + 2CO_2 + 2ATP$$

포도당 ／ 에탄올 ／ 이산화탄소 ／ 에너지

효소가 활동한다

먹이가 된다

$$C_2H_5OH + O_2 \longrightarrow CH_3COOH + H_2O + 2ATP$$

에탄올 ／ 산소 ／ 초산 ／ 물 ／ 에너지

효소가 활동한다

초산균이 활발하게 활동하기 위한 환경조건

① 온도

20~30℃에서 활발하게 활동한다.

② 산소

산소는 반드시 필요하다. 물속에 산소가 녹아있으면 물속에서도 증식하며, 아니면 산소와 닿는 표면에서 천천히 증식한다.

③ 먹이(영양)

알코올이 먹이가 된다.(알코올을 만드는 효모균의 먹이는 당류이다)

④ pH

pH4~5에서 활발하지만 pH3에서도 살 수 있다.

⑤ 수분

수분은 반드시 필요하다.

누룩곰팡이균

누룩곰팡이균은 사람에게 유용한 미생물 중에서도 분해하는 힘이 가장 뛰어난 균이다. 누룩을 만드는 곰팡이는 여러 종류가 있는데, 각각 증식하는 장소나 만들어내는 풍미, 용도가 다르다. 이 책에서는 리조푸스(Rhizopus)속의 곰팡이를 사용한다. 누룩곰팡이균의 경우 습도가 높은 동아시아 지역(동남아시아 일부 지역)에서만 생식한다. 한국이나 일본에서 술이나 식품을 만들 때 주로 사용되는 누룩곰팡이균은 크게 황국균과 흑국균으로 나눌 수 있는데, 각각 백색변이주가 있다. 황국균의 백색변이주는 아스페르길루스 소예(Aspergillus sojae), 흑국균의 백색변이주는 아스페르길루스 카와치(Aspergillus kawachii)이다.

누룩을 만드는 곰팡이

이름	증식장소	풍미	용도
리조푸스 (털곰팡이의 일종)	일반적인 곡물 (쌀, 보리, 콩 등)	신맛	술 (사오싱주, 알코올 도수가 높은 양조주, 백주)
아스페르길루스 (누룩곰팡이)	쌀	단맛	술, 조미료(간장, 맛술 등), 절임류 등

누룩곰팡이균이 활발하게 활동하기 위한 환경조건

① 온도

25~28℃에서 활발하게 활동한다.

② 산소

산소는 반드시 필요하다.

③ 먹이(영양)

전분질과 단백질이 먹이가 된다.

④ pH

pH4~4.5에서 가장 활발하지만, 좀 더 넓은 범위에서도 살 수 있다.

⑤ 수분

수분은 반드시 필요하다.

발효종균의 분류와 종류

효모균

Saccharomyces 사카로미세스속		Kazachstania 카자흐스타니아속		Candida 칸디다속	
Cerevisiae	세레비지에	Exigua	엑시구아	Milleri	밀레리
Bayanus	바야누스	Turicensis	투리센시스	Albicans	알비칸스
Exiguus	엑시구스	Unispora	유니스포라		

유산균

Lactobacillus 락토바실루스속		Lactococcus 락토코쿠스속		Pediococcus 페디오코쿠스속	
호모형		**호모형**		**호모형**	
Delbrueckii	델브류키	Cremoris	크레모리스	Pentosaceus	펜토사세우스
Bulgaricus	불가리쿠스	Lactis	락티스		
Gasseri	가세리				
헤테로형		Bifidobacterium 비피도박테리움속		Leuconostoc 류코노스톡속	
Sanfranciscensis	샌프란시센시스	**헤테로형**		**헤테로형**	
Plantarum	플란타룸			Mesenteroides	메센테로이데스
Casei	카제이	Longum	롱굼		
Sakei	사케이	Bifidum	비피둠	Enterococcus 엔테로코쿠스속	
Fermentum	페르멘툼	Animalis	아니말리스	**호모형**	
Brevis	브레비스			Faecalis	페칼리스
				Faecium	페시움

* 유산균은 파네토네종, 샌프란시스코사워종, 호밀사워(독일)종, 일본의 주종, 홉종 에서도 검출된다.

초산균

Acetobacter 아세토박터속				Gluconobacter 글루코노박터속	
Aceti	아세티	Pasteurlanus	파스테우리아누스	Oxydans	옥시단스
Orientalis	오리엔탈리스	Xylinum	크실리눔	Roseus	로세우스

누룩곰팡이균

Aspergillus 아스페르길루스속					
황국균		**흑국균**		**곰팡이독을 만들 가능성이 있는 균**	
Oryzae	오리제	Luchuensis	루츄엔시스	Flavus	플라부스
Sojae	소예(백색변이주)	Luchuensis mut. kawachii	카와치(백색변이주)	Fumigatus	푸미가투스
		Luchuensis var. awamori	아와모리	Niger	니제르

* 이 밖에도 각각 많은 종류가 있다.

발효종이란

효모균이나 유산균을 키운 것으로, 크게 3가지로 나눌 수 있다. 1종류의 효모균으로 만든 발효종, 2종류의 효모균으로 만든 발효종, 여러 종류의 효모균과 유산균으로 만든 발효종이 있으며, 각각 다양한 종류가 있다.

「단일 효모균」으로 만든 발효종

부풀리는 것을 목적으로 하며, 시간을 들이면 더욱 맛이 좋아진다.

「단일 효모균 + 먹이」로 만든 발효종

부풀리는 것뿐 아니라 감칠맛과 향을 증가시키는 것을 목적으로 한다. 중종, 풀리시종 등이 있다.

「복합 효모균 + 먹이」로 만든 발효종

1종류로 만든 것보다 다양한 감칠맛과 향이 난다.
과일종, 요구르트종(밀가루 없음), 주종 등이 있다.

「복합 효모균 + 복합 유산균 + 먹이」로 만든 발효종

감칠맛이 강하게 완성된다. 수제품과 시판품이 있다.
르뱅종, 화이트사워종, 호밀사워종, 홉종, 요구르트종(밀가루 포함), 파네토네종(이탈리아 발효종) 등이 있다.

빵 만들기에서
발효종의 작용

발효종의 종류나 발효시간에 따라 빵 맛은 크게 달라진다. p.9의 A타입, B타입, C타입과 관련지어 알아보자.

빵 만들기			
A TYPE (식감을 중요시한다)	단일 효모균 (발포력이 강한 이스트)		**단시간** 가벼운 식감(많이 부드럽다)
			장시간 조금 가벼운 식감(조금 부드럽다)
B TYPE (향과 감칠맛을 중요시한다)	발효종 (효모균 + 먹이)	단 일 효모균 + 먹 이	**단시간** 향과 감칠맛이 약하지만 잘 부푼다. 식감은 가볍다.
			장시간 향과 감칠맛이 조금 강하고 살짝 부푼다. 식감은 조금 가볍다.
		복 합 효모균 + 먹 이	**단시간** 향과 감칠맛이 조금 복잡하고 살짝 부푼다. 식감은 조금 가볍다.
			장시간 향과 감칠맛이 복잡하고 잘 부풀지 않는다. 식감은 조금 무겁다.
C TYPE (신맛을 중요시한다)	발효종 (효모균 + 유산균 + 먹이)	복 합 효모균 + 복 합 유산균 + 먹 이	**장시간** 향, 감칠맛, 신맛이 강하고 살짝 부푼다. 식감은 무겁다.

발효종의 맛과 시간의 관계

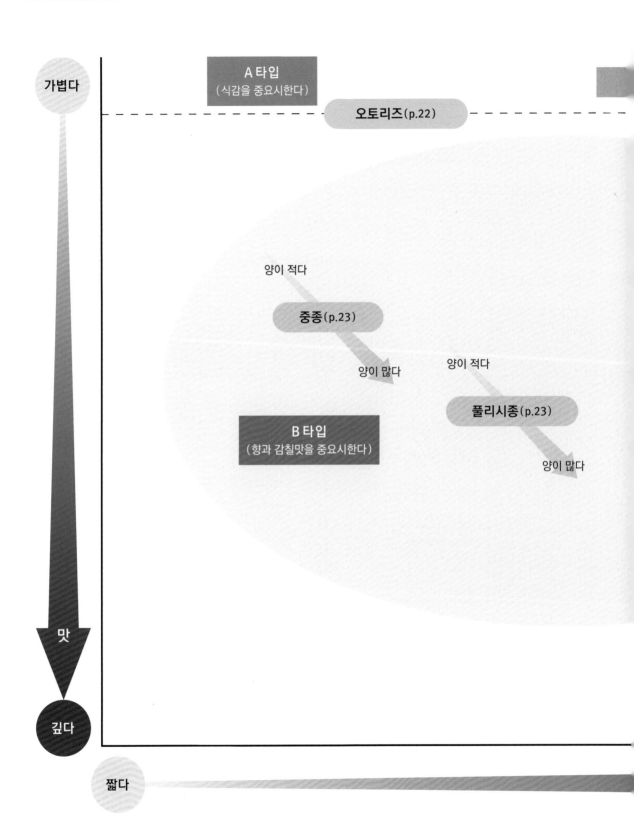

가볍다

A 타입
(식감을 중요시한다)

오토리즈(p.22)

양이 적다

중종(p.23)

양이 많다

양이 적다

풀리시종(p.23)

양이 많다

B 타입
(향과 감칠맛을 중요시한다)

맛

깊다

짧다

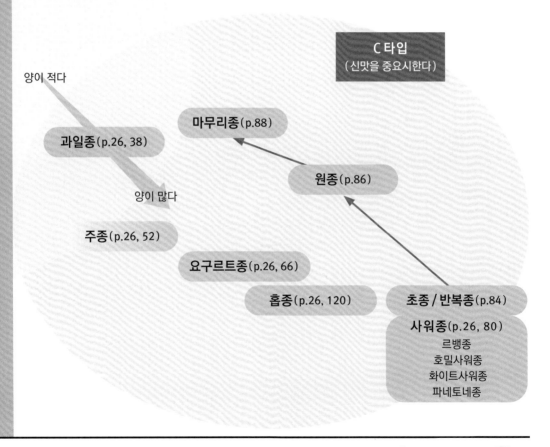

홈메이드 배양효모

신맛을 강하게 느끼기 시작한다

양이 적다

양이 많다

과일종(p.26, 38)

주종(p.26, 52)

요구르트종(p.26, 66)

홉종(p.26, 120)

마무리종(p.88)

원종(p.86)

C 타입
(신맛을 중요시한다)

초종 / 반복종(p.84)

사워종(p.26, 80)
르뱅종
호밀사워종
화이트사워종
파네토네종

시간 길다

식감을 중요시하는 발효

밀 고유의 감칠맛을 느끼고 싶다면 단시간에 빵을 완성시키는 것이 중요하다. 밀의 향이나 감칠맛을 즐기고 싶을 때는 큰 변화를 주면 안 된다. 따라서 모양이나 식감에 중점을 둔 배합과 과정이 필요하다.

오토리즈

글루텐의 원활한 형성과 밀(또는 첨가한 몰트)의 효소활성을 이용하는 방법이다. 처음에 밀가루와 물(일부 몰트)을 반죽하여 단시간에 글루텐 골격을 형성하고, 그 다음 효모균과 소금을 넣어 반죽을 단련시킨다. 이것을 구우면 글루텐 골격이 잘 늘어나므로, 글루텐이 적은 밀가루로 빵을 만들 때 효과적이다. 또한 밀이나 몰트가 가지고 있는 전분분해효소를 전분과 반응시켜서 나온 당을 처음부터 사용할 수 있기 때문에, 심플한 빵이나 효소량이 적은 빵을 만들 때 효과적이며 색이 곱게 구워진다. 게다가 전분분해효소 외의 효소 반응에 의한 향 성분이나 감칠맛 성분 등의 부산물도 기대할 수 있다. 이런 경우, 효모균을 먼저 넣은 다음 소금을 넣는다. 단, 잘 확산되지 않는 인스턴트 드라이이스트를 사용하거나 반죽이 단단해질 때까지 걸리는 시간이 30분 정도로 짧은 경우에는, 처음에 밀가루와 물을 넣을 때 효모균을 함께 넣기도 한다. 효모균의 활성도가 높아지려면 15분 정도 걸리기 때문이다.

[오토리즈의 재료와 방법]

강력분(하루요코이) ···························· 300g
몰트(희석한 것) ······························ 3g
＊ 몰트 : 물 = 1 : 1로 희석한다.
물 ·· 225g

용기에 재료를 모두 넣고 골고루 섞는다.

완성. 첫날과 다르지 않다. 부풀지 않는다.

향과 감칠맛을 중요시하는 발효

발효에 의해 미생물이 활동하면 먹이가 되는 밀가루는 분해와 합성을 반복해 변화한다. 미생물은 밀가루를 한 차례 분해해서 에너지를 흡수하며, 그 힘으로 증식한다. 한편, 분해되어 남은 밀가루는 다른 형태(예를 들어 유전자를 복구하기 위한 단백질 등)로 변화한다. 먹이인 밀가루가 분해되었을 때 직접 느껴지는 맛은 감칠맛 성분인 아미노산, 핵산과 향 성분인 에스테르 화합물, 케톤체 등이다. 미생물이 밀가루를 많이 변화시키면 향이나 감칠맛이 진해진다. 깊은 감칠맛과 향을 내려면 발효종을 사용한다. 발효종은 단단한 타입(중종)과 부드러운 타입(풀리시종)으로 나뉜다. 이 2가지 타입을 비교해보면 미생물의 증식 방법이나 효모균의 양, 글루텐 골격이 형성되는 과정, 식감 등에 큰 차이가 있기 때문에, 각각의 특징에 맞춰 빵을 만든다.

발효종 종류

중종

밀가루 일부에 물과 이스트를 섞어 발효시킨다. 단단하기 때문에 밀가루와 물이 달라붙어 보수력이 높고, 글루텐 골격이 강해서 반죽 시간을 줄일 수 있다. pH가 약산성이기 때문에 본반죽에 넣는 효모가 안정된다.

풀리시종

미리 밀가루 일부에 물과 이스트를 넣어 발효시킨 다음 본반죽에 섞는데, 이때 밀가루와 물을 같은 비율로 넣는 것이 포인트이다. 액체처럼 부드러워서 미생물이 활동하기 쉬우므로, 효모는 적게 넣는다. pH가 약산성이기 때문에 본반죽에 넣는 효모가 안정된다.

발효종 속 미생물과 식감의 관계

	단단한 발효종(중종)	부드러운 발효종(풀리시종)
미생물 (잘 부푸는 단일 효모균 사용)	증식하기 어렵다	증식하기 쉽다
효모균의 양	많다	적다
글루텐 골격	강한 상태로 본반죽	약한 상태로 본반죽 (글루텐이 약해서 발효에 시간이 걸린다)
식감	고르고 매끈하며, 폭신하게 부푼다	조금 고르지 않고 씹는 느낌이 좋으며, 가볍게 완성된다
어울리는 빵	식빵, 버터롤 등	껍질이 중요한 하드토스트 등

[중종을 사용한 빵의 배합 예]

밀가루 일부에 물과 이스트를 섞어 발효시키고, 나머지 재료를 넣어 반죽을 만든다. 2번에 나눠서 섞기 때문에 글루텐의 신전성이 좋아지며 안정된 빵이 된다.

중종 (식빵을 만들 때)

중종을 사용할 경우, 중종에 사용하는 밀가루와 본반죽에 사용하는 밀가루 양을 합친 값에서 다른 재료의 분량을 산출하므로 배합표에 베이커스 퍼센트를 표시한다.

중종

		베이커스%
강력분(하루유타카 블렌드)	180g	60
인스턴트 드라이이스트	1.6g	0.6
물	108g	36
TOTAL	289.6g	96.6

본반죽

		베이커스%
강력분(하루유타카 블렌드)	120g	40
인스턴트 드라이이스트	0.6g	0.2
소금	4.8g	1.6
사탕수수설탕	30g	10
달걀	30g	10
우유	30g	10
물	48g	16
무염버터	30g	10

* 이 레시피로 빵을 만들 때 반죽완성온도는 27℃, 1차 발효는 30℃에서 20분, 휴지는 10분, 최종 발효는 35℃에서 40분, 굽는 온도는 200℃이다.

TOTAL	293.4g	97.8

반죽완성온도 23℃ / 용기에 중종 재료를 모두 넣고 골고루 섞어, 30℃에서 30분 발효시킨다.

중종 완성.

[풀리시종을 사용한 빵의 배합 예]

미리 발효시키기 때문에 반죽의 신전성과 맛이 좋아진다. 글루텐 골격이 약해서 쉽게 끊어지므로 바삭한 빵이 된다.

풀리시종(식빵을 만들 때)

풀리시종도 중종과 마찬가지로, 풀리시종에 사용하는 밀가루와 본반죽에서 사용하는 밀가루 양을 합친 값에서 다른 재료의 분량을 산출하므로 배합표에 베이커스 퍼센트를 표시한다.

풀리시종

		베이커스%
강력분(하루요코이)	90g	30
인스턴트 드라이이스트	0.3g	0.1
물	108g	36
TOTAL	198.3g	66.1

본반죽

		베이커스%
강력분(하루유타카 블렌드)	210g	70
인스턴트 드라이이스트	0.6g	0.2
소금	6g	2
사탕수수설탕	9g	3
몰트(희석한 것)	3g	1

＊ 몰트 : 물 = 1 : 1로 희석한다.

물	108g	36
쇼트닝	9g	3

＊ 이 레시피로 빵을 만들 때 반죽완성온도는 26℃, 1차 발효는 28℃에서 30분, 펀치, 28℃에서 2시간 발효, 휴지는 15분, 최종 발효는 30℃에서 2시간, 굽는 온도는 210℃이다.

TOTAL	345.6g	115.2

반죽완성온도 23℃ / 용기에 풀리시종 재료를 모두 넣고 골고루 섞어, 28℃에서 5시간 발효시킨다.

풀리시종 완성.

신맛을 중요시하는 발효

인간에게 유익한 미생물이란 자연산화작용을 하는 미생물이다. 내버려두면 유산균이 늘어나서 저절로 신맛이 난다. 유산균이 늘어나면 상승작용으로 효모균도 늘어난다. 그러면 효모균이 만들어내는 알코올을 먹이로 삼아 초산균(아세트산균)이 늘어나고, 산성도가 높아진 곳에서 유산균보다 더 활발하게 활동한다. 신맛이 있으면 발효종이 쉽게 오염되지 않으며, 완성된 빵도 곰팡이가 잘 생기지 않고 빨리 부패하지 않는다. 종류에 따라 차이가 있지만, 유산균이 주인공인 발효종은 단단한 발효종인지 부드러운 발효종인지에 따라 특징이 달라진다. 이것들을 비교해보면, 미생물의 증식방법에 따라 신맛을 느끼는 정도가 크게 달라진다는 것을 알 수 있다. 원하는 신맛을 내려면 미생물을 조절해야 한다.

발효종 종류

과일종

일반적으로 과일과 물, 경우에 따라서는 설탕도 사용해서 만든 효모이다. 신맛이 약하고 보글보글 발효하는 거품이 잘 보이는 것이 특징이다. 과일은 생과일이든 말린과일이든 상관없다. 단, 말린과일의 경우 오일코팅된 것은 사용하지 않는다.

요구르트종

요구르트에 물을 넣거나, 경우에 따라서는 통밀가루를 넣어 만든 효모이다. 요구르트의 부드러운 신맛이 느껴지고, 발포력이 강한 것이 특징이다. 요구르트는 플레인 타입(pH조정제가 들어있지 않은 것)을 고른다.

주종

생쌀, 밥, 술지게미 또는 쌀누룩, 물을 사용해 만든 효모이다. 일본이나 한국에서는 흔한 효모로 술을 연상시키는 알코올 냄새가 난다. 은은한 단맛과 신맛이 있다. 술지게미는 물에 잘 녹지 않으므로 충분히 섞는 것이 중요하다.

사워종

호밀가루나 밀가루를 사용해 만든 효모이다. 배지로 삼는 밀가루(호밀가루나 밀가루)나 기후풍토에 따라 자라는 균이 다르며, 신맛이 뚜렷하다. 유럽에서 빵을 만들 때 많이 사용하는 발효종이다.

홉종

맥주 원료로 알려진 홉을 졸여서 만든 졸임액과 밀가루, 매시트포테이토, 사과 간 것, 경우에 따라서는 설탕, 쌀누룩, 물을 사용해 만든 효모이다. 신맛 외에도 은은한 단맛과 쓴맛이 있다.

발효종 속 미생물과 식감의 관계

	단단한 발효종 (사워종 TA*1160 / 과일종)	부드러운 발효종 (사워종 TA200 / 과일종)
미생물	증식하기 어렵다	증식하기 쉽다 수분이 많아 미생물이 활동하기 쉽다 여러 가지 미생물을 사용할 수 있다
신맛	천천히 원하는 맛이 된다	빠르게 원하는 맛이 된다
주의점	신맛이 지나치게 강하다 리프레시*2 주기가 조금 길다 매일 냄새로 신맛을 확인한다	미생물이 지나치게 많이 증식한다 신맛이 지나치게 강해지거나 좋지 않은 신맛이 생기므로, 자주 리프레시한다

*1 TA란 반죽의 단단한 정도를 말하는데, 밀가루를 100이라고 했을 때 넣은 물의 양을 더한 총량을 숫자로 나타
낸 것이다. 수치가 클수록 부드럽다. TA150~160은 단단하고, TA170은 조금 단단하다. TA180부터 부드러
워지고, TA220은 죽 정도로 부드럽다.

*2 리프레시는 유산균이 지나치게 많이 증식한 종을 조금 덜어서, 밀가루와 물을 넣고 묽게 만드는 것을 말한다.
이렇게 하면 미생물의 활동이 더욱 활발해진다.

발효종의 발효온도에 따른 신맛의 차이

모든 발효종의 신맛은 발효온도에 따라 달라지는데, 이는 생성된 유산과 초산의 밸런스에 따라 신맛도 달라지기 때문이다. 따라서 pH가 같아도 느껴지는 신맛의 정도는 다르다. 원하는 신맛의 빵을 만들기 위해 알아두면 좋다.

발효온도	유산과 초산의 밸런스	맛
28~35℃	유산이 많다	약한 신맛
20~28℃	초산이 적다	조금 약한 신맛
~20℃	초산이 많다	강한 신맛

발효종과 많이 사용하는 지역

발효종은 지역의 기후풍토에 따라 활성도가 달라지므로, 지역에 따라 많이 사용하는 발효종이 다르다.

발효종 종류	많이 사용하는 지역
과일종	전 세계
주종	일본, 한국
홉종	영국, 일본
요구르트종	일본(홈메이드빵)
사워종(파네토네종)	이탈리아
사워종(르뱅종)	프랑스
사워종(화이트사워종)	미국
사워종(호밀사워종)	독일

로티 오랑이 생각하는 발효종과 밀가루의 궁합

밀가루는 빵 만들기의 주인공이다. 각각의 발효종에 어울리는 밀가루를 사용하면 취향에 맞는 빵을 만들 수 있다. 아래 표는 100% 밀가루만 사용하는 경우, 그리고 통밀가루나 호밀가루를 배합한 경우에 발효종과 밀가루의 궁합을 정리한 것이다. 빵을 만들 때 참고한다. 사용하는 종이 1종류라면 그 발효종의 향, 풍미, 식감을 즐길 수 있으며, 2종류 이상을 조합하면 복잡해진다. 여기서 복잡해진다는 것은 맛이 깊어질 수도 있지만, 반대로 원하지 않는 맛이 될 수도 있다는 의미이므로 주의한다.

밀가루 종류	밀가루			통밀가루		호밀가루			
밀가루 비율	100%			~10%	10%~	~20%	20%~50%	50%~80%	80%~
회분량 비율	~0.4	0.4~0.5	0.5~						
과일종	◎	◎	◎	○	○	○	△	-	-
요구르트종	△	△	○	○	○	○	△	△	-
주종	◎	◎	○	○	○	△	-	-	-
르뱅종	△	○	○	○	◎	◎	○	○	-
호밀사워종	-	-	△	△	○	○	○	◎	◎
홉종	◎	◎	○	○	△	△	-	-	-

발효종

발효종으로
빵을 굽는다

빵을 만들기 전에
알아둘 것

종 만들기

종은 발효균의 활동이나 pH, 산소의 유무 등에 의해 첨가한 먹이(밀가루)가 발포력을 갖고, 감칠맛, 신맛으로 변한다. 이 과정을 이해한 다음 종을 만들면, 원하는 빵에 알맞은 종을 만들 수 있다.

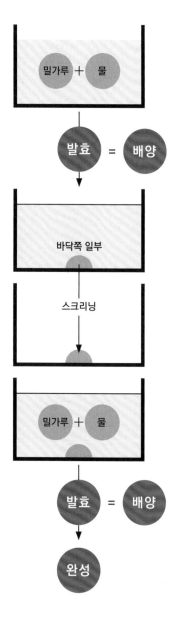

섞기

물, 먹이(밀가루), 온도, pH, 산소를 이용해 발효를 촉진한다.

발효

재료에 함유된 균, 또는 공중낙하균 중 발포력 있는 효모균을 포함한 발효균을 배양한다. 배양이란 미생물을 증식시키는 것을 의미한다.

스크리닝

발효에 필요한 미생물을 선별하는 것.

종 잇기

스크리닝을 거쳐 배양한 종의 상태를 유지하는 것.

본반죽

발효종이 완성되면 본반죽을 만든다. 빵 만들기에는 여러 가지 용어가 사용되므로 의미를 알아두자.

베이커스 퍼센트

재료의 분량을 나타낼 때, 밀가루의 양을 100%로 보고 나머지 재료를 밀가루 양에 대한 비율로 표시하는 것이 베이커스 퍼센트이다. 재료 전체에 대한 비율이 아니므로, 합하면 100%가 넘는다. 밀가루는 빵을 만들 때 가장 많이 사용하는 재료이기 때문에 기준으로 삼는다. 베이커스 퍼센트가 있으면 적은 양의 반죽이든 많은 양의 반죽이든, 필요한 분량을 손쉽게 계산할 수 있다.

예를 들어 강력분 100%, 설탕 5%일 경우,

100g의 밀가루를 사용하면 설탕은 $100 \times 0.05 = 5g$

1000g의 밀가루를 사용하면 설탕은 $1000 \times 0.05 = 50g$ 이 필요하다.

믹싱

재료를 반죽하는 작업이다. 밀가루 종류에 따라 상태가 다르기 때문에, 각각의 밀가루에 알맞은 힘으로 반죽하여 균일한 상태로 만든다.

반죽완성온도

효모는 효소가 분해한 먹이를 먹고 활발하게 활동한다. 효모와 효소 둘 다 활발하게 활동하면, 반죽은 가로세로로 부풀어 맛있는 빵이 된다. 따라서 효모와 효소가 활발하게 활동하기 위한 온도가 매우 중요하다. 믹싱이 끝나면 반죽에 식품온도계를 꽂아 온도를 확인한다.

1차 발효

완성된 반죽에 들어 있는 효모가 글루텐 골격 사이에 이산화탄소 기포를 만드는 과정이다. 효모는 주변에 산소가 있으면 호흡으로 당을 분해해서 주산물인 이산화탄소를 많이 만들고, 동시에 풍미와 감칠맛, 향 성분 등의 부산물도 아주 조금 만든다. 그러다 이산화탄소가 지나치게 많아지면 힘을 잃고, 알코올 발효로 바뀌어 당을 분해하고 부산물을 천천히 축적한다. 포인트는 폭신한 빵을 만들려면 효모를 활성화하는 과정에 중점을 두고, 감칠맛이 강하고 단단한 빵을 만들려면 부산물이 축적되는 과정에 중점을 두는 것이다.

펀치와 타이밍

반죽을 완성한 다음부터 분할까지의 과정(1차 발효)에서 가스를 빼는 펀치를 한다. 이때 반죽의 상태와 펀치를 하는 타이밍이 중요한 이유를 알아본다.

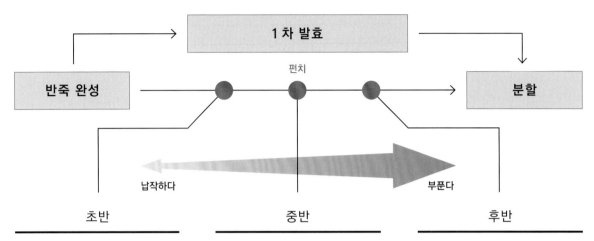

초반

반죽이 완성된 다음, 아직 기포가 생기지 않은 상태에서 하는 펀치는 글루텐 강화를 위한 것이다.

중반

글루텐을 강화한다. 효모가 활발하게 활동하여 기포가 많아지면, 이산화탄소가 많이 생겼다는 증거이다. 효모는 힘이 약해지고, 호흡에서 알코올 발효로 바뀐다. 여기서 다시 한 번 호흡이 일어나도록 펀치로 이산화탄소를 뺀다.

후반

글루텐을 강화하고 효모를 활성화한다. 반죽의 발효는 반죽이 완성된 다음부터 외부온도와 반죽온도가 달라지기 때문에, 1차 발효 후반으로 갈수록 기포의 크기가 서로 달라진다. 그래서 반죽의 속이 겉으로 나오게 해서 얇게 만든 다음 접는 펀치를 통해, 온도와 기포를 고르게 만든다.

분할 · 둥글리기

빵 하나하나의 모양과 무게를 고르게 만들고, 1차 발효에서 긴장이 풀리며 느슨해진 글루텐 골격과 기포의 크기를 고르게 만드는 과정이다. 원하는 모양으로 늘리기 쉽도록 글루텐의 방향을 고르게 정리하고, 성형할 때의 힘을 감당할 수 있는 강한 골격으로 만든다.

휴지

분할 · 둥글리기 과정에서 정리된 기포는 다시 크기가 서로 달라지고 커지며, 강하게 만든 글루텐 골격도 조금씩 풀어진다. 그래서 잘 늘어나고 성형하기 쉬운 상태로 만들기 위해 반죽을 조금 느슨하게 풀어주는 과정이다.

최종 발효

1차 발효와 비슷하다. 성형으로 정리된 기포와 글루텐 골격을 다시 늘리고, 원하는 식감과 풍미, 감칠맛, 향을 만드는 마지막 과정이다.

굽기

굽기는 빵을 늘리는 시간과 단단하게 만드는 시간으로 나뉘며, 최종 발효에서 반죽이 어느 정도 부풀었는지(팽창률)에 따라 굽는 온도와 시간이 달라진다. 여기서 말하는 반죽이란 완성 직후의 반죽으로, 기포가 생기기 이전의 상태이다. 이 반죽을 1로 보고, 최종 발효에서 반죽이 몇 배로 부풀었는지 확인한다.

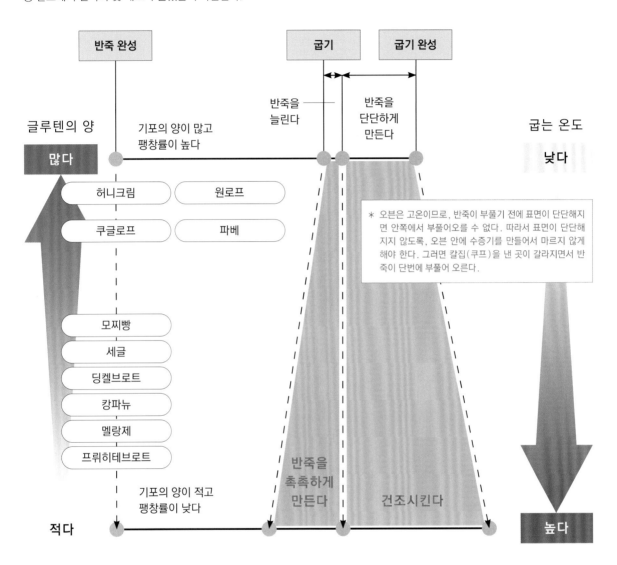

반죽 완성 ─── **굽기** **굽기 완성**

반죽을 늘린다 / 반죽을 단단하게 만든다

글루텐의 양 / **굽는 온도**

많다 / **낮다**

기포의 양이 많고 팽창률이 높다

허니크림 / 원로프
쿠글로프 / 파베

모찌빵
세글
딩켈브로트
캉파뉴
멜랑제
프뤼히테브로트

기포의 양이 적고 팽창률이 낮다

적다

반죽을 촉촉하게 만든다 / 건조시킨다

높다

* 오븐은 고온이므로, 반죽이 부풀기 전에 표면이 단단해지면 안쪽에서 부풀어오를 수 없다. 따라서 표면이 단단해지지 않도록, 오븐 안에 수증기를 만들어서 마르지 않게 해야 한다. 그러면 칼집(쿠프)을 낸 곳이 갈라지면서 반죽이 단번에 부풀어 오른다.

완성했을 때 글루텐의 양이 많은 반죽

최종 발효로 반죽이 최대한 부풀어오르고 글루텐이 충분히 풀어진 다음 굽는다. 반죽이 얇은 막 상태이기 때문에 굽는 온도는 조금 낮아야 한다. 먼저 글루텐(단백질)이 열변성으로 파괴되어 빵의 골격이 단단해진 다음, 많은 기포에 열이 전해져 반죽이 다시 부풀어오른다. 전분이 충분히 α화(＝호화)되어 수분을 포함한 상태로 단시간에 구워진다.

완성했을 때 글루텐의 양이 적은 반죽

최종 발효에서 반죽을 지나치게 부풀리지 않고, 글루텐이 어느 정도 풀어지면 겉면에 살짝 칼집(쿠프)을 내서 굽는다. 반죽이 두툼한 막 상태이기 때문에 굽는 온도는 고온이어야 한다. 반죽에 열이 잘 전달되지 않아서 글루텐(단백질)이 열변성으로 파괴되기 어렵기 때문에, 빵의 골격이 단단해지는 데 시간이 걸린다. 기포에도 열이 잘 전달되지 않아서 반죽이 천천히 부풀고, 전분이 충분히 α화되어 수분을 포함한 상태로 구워지기까지 시간이 오래 걸린다.

종 만들기란

발효할 수 있는 미생물을 증식시키는 것이다. 미생물은 자연계에서 채취하는데, 이 안에는 잡균도 들어있다. 따라서 배양으로 미생물을 증식시키고, 선별(=스크리닝)을 반복하여 유산균과 효모균을 증식시킨다. 유산균이 많아졌는지 확인하는 방법은 냄새를 맡는 것이다. 새콤한 냄새(향이 좋은 쌀겨절임 같은 냄새)가 난다면 증식했다는 증거이다. 효모균의 증식은 기포가 확인되면 좋지만 안 되는 경우도 있으므로, 냄새를 맡고 확인하는 것이 가장 좋은 방법이다.

발효종의 환경조건

빵 만들기에 필요한 미생물은 발포력 있는 효모균, 발효식품 속에 존재하는 각종 유산균, 곰팡이 일부, 그리고 경우에 따라서는 초산균(아세트산균)이다. 미생물은 공기 중 어디에나 떠다니지만, 빵 만들기에 사용할 미생물은 어디서 찾을 수 있을까? 힌트는 우리에게 친숙한 발효식품을 만드는 과정에 있다. 발효식품을 만드는 데는 부패를 억제하는 과정 등이 포함되며, 6가지 키워드에 따라 발효종균에 알맞은 환경을 갖춘다.

① 장벽

필요한 균의 수를 늘리고, 그 밖의 균을 줄인다. 필요한 균이 많아서 그 밖의 균이 들어오지 못하도록 장벽을 만든다.

② 먹이(영양)

각각의 발효종균은 늘리기 위한 먹이가 무엇인지에 따라 늘어나는 정도가 달라진다.

③ 온도

발효종균은 각각 살기 좋은 온도가 있다. 빵 만들기에서 발효를 시킬 때는, 그 균에 맞는 온도를 설정하는 것이 중요하다.

④ pH

발효종균에는 각각 살기 좋은 pH가 있다. pH를 좌우하는 재료를 더하는 경우, 발효종균에 적합한지 여부를 따져본다.

⑤ 산소

발효종균에는 산소가 필요한 것과, 필요하지 않은 것이 있다. 이 점을 파악하고 산소를 공급할지 차단할지 결정한다.

⑥ 삼투압

발효종균에는 삼투압에 강한 것과 약한 것이 있다. 염분농도, 설탕농도, 알코올농도 등을 조절해서 각각의 발효종균이 증식하는 삼투압을 설정한다.

과일종

일반적으로 과일과 물, 경우에 따라서는 설탕도 사용해서 만든 효모를 말한다.
신맛이 약하고, 보글보글 발효하는 거품을 볼 수 있는 것이 특징이다.

과일종의 환경조건

① 장벽

달콤한 과일에는 원래 발효종균이 많기 때문에 신경쓰지 않
아도 좋다.

② 먹이(영양)

과일에는 당분이 많으므로 물에 잘 녹아서 확산되도록 으깬
다. 레몬처럼 당도가 낮거나 말린과일처럼 으깨기 어려운 과
일은 당을 첨가한다.

③ 온도

발효종균 중에서도 효모균 위주로 늘리려면 25~35℃가 적
당하다.

④ pH

약산성에 가까우면 효모균이 잘 늘어나므로, 신맛이 나는 과
일이 좋다.

⑤ 산소

2가지 방법을 사용할 수 있다.

- 산소를 공급해서, 효모균의 에너지 효율을 우선시하여 효
  모균의 증식을 촉진한다. 이산화탄소가 많이 발생한다.
- 산소를 계속 차단해서, 유산균과 효모균에게 좋은 환경을
  만들어 증식시킨다.

⑥ 삼투압

삼투압은 조절하지 않는다.

과일종 만드는 방법

과일종(fresh)

포도 ·· 200g
물 ·· 100g

섞은 뒤 온도
28℃

발효온도
28℃

용기에 재료를 모두 넣고 골고루 섞은 다음
(섞은 뒤 온도는 28℃), 28℃ 발효기에 넣고
12시간마다 섞어준다.

고운 기포가 생기면 완성. 냉장고에서 1개
월 동안 보관할 수 있다.

과일종(dry)

건포도(오일코팅하지 않은 것) ························ 100g
물 ·· 300g

섞은 뒤 온도
28℃

발효온도
28℃

용기에 재료를 모두 넣고 골고루 섞은 다음
(섞은 뒤 온도는 28℃), 28℃ 발효기에 넣고
12시간마다 섞어준다.

고운 기포가 생기면 완성. 냉장고에서 1개
월 동안 보관할 수 있다.

과 일 종 (f r e s h)
세글

호밀사워종이 아니라 밀과 과일로 만든 발효종균을 섞었기 때문에

호밀 고유의 향도 살아있고 밀의 감칠맛도 맛볼 수 있는, 신맛이 덜한 빵이다.

숙성이 진행된 치즈나 냄새와 맛이 강한 요리에 잘 어울린다.

재료
2개 분량

풀리시종

		베이커스%
강력분(하루요코이)	30g	10
과일종(fresh) p.39	30g	10
TOTAL	60g	20

본반죽

		베이커스%
굵은 통호밀가루	15g	5
고운 통호밀가루	60g	20
준강력분(타입ER)	195g	65
* 가루종류는 비닐봉지에 넣는다.		
풀리시종(위 참조)	60g	20
해조소금	6g	2
몰트(희석한 것)	3g	1
* 몰트：물＝1：1로 희석한다.		
물	195g	65
TOTAL	534g	178

덧가루(강력분)	적당량
굵은 통호밀가루(마무리용)	적당량

과정

▼ **풀리시종**
28℃에서 4~5시간

▼ **본반죽**

▼ **믹싱**
반죽완성온도 24℃

▼ **1차 발효**
28℃에서 1시간

▼ **펀치**
냉장고에서 하룻밤

▼ **분할·둥글리기**
2등분

▼ **휴지**
상온에서 10분

▼ **성형**

▼ **최종 발효**
28℃에서 20분

● **굽기**
230℃(스팀 있음)에서 10분
→ 250℃(스팀 없음)에서 20분 정도

POINT

밀의 감칠맛을 조금 더하기 위해 과일종을 풀리시종으로 변화시킨다. 발포력을 높여서, 신맛이 강해지기 전에 반죽이 부풀도록 높은 온도로 설정한 풀리시종을 사용한다. 빠르게 부풀어서 부드러운 신맛이 된다.

풀리시종을 만든다

섞기

보관용 병에 과일종을 넣고, 밀가루를 넣는다.

가루가 보이지 않을 때까지 고무주걱으로 섞는다.

발효

뚜껑을 덮고 28℃에서 4~5시간 발효시킨다.

발효 끝.

본반죽을 만든다

믹싱

볼에 분량의 물과 소금을 넣고 고무주걱으로 섞은 다음, 몰트를 넣어 다시 섞는다.

풀리시종을 넣는다.

가루종류를 넣은 비닐봉지를 흔들어서 골고루 섞는다.

05에 **06**을 넣는다.

밀가루가 보이지 않을 때까지, 볼 바닥부터 뒤집듯이 섞는다.

작업대에 꺼낸다.

스크레이퍼를 이용해서, 반죽을 뒤쪽에서 앞쪽으로 들어올린다.

11

반죽의 방향을 돌린다.

12

반죽을 들고 작업대에 내려친다.

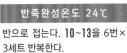
반죽완성온도 24℃

13

반으로 접는다. **10~13**을 6번×
3세트 반복한다.

1차 발효

14

용기에 넣고 뚜껑을 덮어, 28℃
에서 1시간 발효시킨다.

발효 끝.

펀치

15

용기 옆면에 스크레이퍼를 찔러
넣고 반죽을 살짝 들어올린다.

16

가운데로 접는다.

17

반대쪽도 같은 방법으로 접는다.

18

나머지 두 면도 같은 방법으로 접
는다.

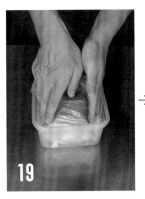

19

비닐봉지를 반죽에 밀착되게 덮
는다. 뚜껑을 덮고 냉장고에서 하
룻밤 휴지시킨다.

발효 끝.

분할 · 둥글리기

20

비닐봉지를 살짝 떼어낸다.

작업대와 반죽에 덧가루를 살짝 뿌린다.

용기의 네 면에 스크레이퍼를 찔러 넣고, 용기를 뒤집어서 반죽을 작업대에 꺼낸다.

스크레이퍼로 2등분한 다음, 무게를 재서 같은 양으로 만든다.

오른손으로 왼쪽 앞 모서리, 왼손으로 오른쪽 앞 모서리를 잡는다.

휴지

엇갈린 손을 풀어 반죽을 비튼다.

반죽 앞쪽을 잡고, 뒤쪽으로 말아준다.

이음매가 아래로 가게 놓는다. 나머지 반죽도 같은 방법으로 작업한다.

젖은 면보를 덮고 상온에서 10분 동안 휴지시킨다.

성형

작업대에 덧가루를 듬뿍 뿌리고, 반죽을 뒤집어서 올린다.

손으로 살짝 다듬어 네모나게 만들고, 오른쪽 앞 모서리를 가운데로 접는다.

왼쪽 앞 모서리를 가운데로 접는다.

앞쪽을 가운데로 접는다.

33

오른쪽 뒤 모서리, 왼쪽 뒤 모서리도 **30~31**과 같은 방법으로 접는다.

34

엄지손가락으로 가운데를 누르고 앞쪽으로 반 접는다.

35

오른손 손바닥 끝으로 이음매를 눌러서 붙인다.

36

작업대에 덧가루를 듬뿍 뿌리고, 반죽을 굴려서 묻힌다.

37

오븐시트에 이음매가 아래로 가게 올린다. 나머지 반죽도 같은 방법으로 작업한다.

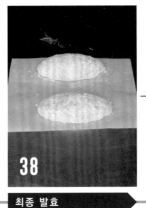

38

최종 발효

28℃에서 20분 발효시킨다.

→

발효 끝.

39

굽기

차거름망으로 밀가루(굵은 통호밀가루)를 뿌린다.

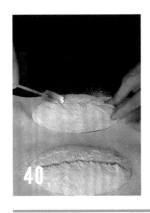

40

쿠프나이프로 가운데에 각각 칼집을 1개씩 넣는다.

41

250℃로 예열한 오븐의 오븐팬 위에, 나무판에 올린 시트를 미끄러뜨리듯이 올린다.

42

오븐 안쪽 벽에 분무기로 물을 5번 뿌린다. 230℃(스팀 있음)에서 10분 굽고, 방향을 돌려 250℃(스팀 없음)에서 20분 정도 굽는다.

과일종(dry)
멜랑제

밀, 호밀, 꿀, 우유, 과일 모두의 맛이 돋보이게 만든 빵.
부드러운 신맛과 시나몬, 정향의 개성이 하나로 어우러진다.
반죽한 다음 천천히 오래 발효시킨다.

재료
파운드틀 2개 분량

		베이커스%
준강력분(타입ER)	240g	80
통밀가루	30g	10
굵은 통호밀가루	30g	10

* 가루종류는 비닐봉지에 넣는다.

과일종(dry) p.39	30g	10

A

해조소금	6g	2
꿀	30g	10
우유	30g	10
졸인 레드와인	120g	40

* 레드와인 200g을 가열하여 알코올을 날린다. 160g 정도로 졸아들면 완성.

물	75g	25
시나몬파우더	0.9g	0.3
아몬드 다이스(분태)	30g	10
통아몬드	30g	10
과일절임	120g	40

* 보관용 병에 유기농 건포도 100g, 살타나 건포도 100g, 말린 사과 50g, 브랜디 50g, 정향 6알을 넣고, 2일 이상 절인다.

TOTAL	771.9g	257.3

덧가루(준강력분) ⋯⋯⋯⋯⋯⋯⋯⋯ 적당량

과정

▼ **믹싱**
반죽완성온도 23℃

▼ **1차 발효**
18℃에서 15시간

▼ **분할, 성형**
겉반죽과 속반죽 각각 2등분

▼ **최종 발효**
상온에서 5~10분

● **굽기**
230℃(스팀 있음)에서 10분
→ 250℃(스팀 없음)에서 15분

POINT

과일종의 액체만 사용하기 때문에 반죽이 부푸는 데 시간이 걸린다. 밀과 호밀을 천천히 변화시켜 감칠맛을 내려면, 어둡고 서늘한 곳에서 1차 발효를 시켜야 한다. 1차 발효를 오랫동안 시키면 반죽이 지나치게 느슨해져서 찌그러지기 쉬운데, 파운드틀을 사용하면 이를 막을 수 있다.

믹싱

01
볼에 A와 물을 넣고 고무주걱으로 섞은 뒤, 과일종을 넣어 골고루 섞는다.

02
가루종류를 넣은 비닐봉지에 시나몬파우더를 넣고, 흔들어서 골고루 섞는다.

03
01에 02를 넣는다.

04
아몬드 다이스를 넣는다.

05
반죽완성온도 23℃

06

07

가루가 보이지 않을 때까지, 볼 바닥부터 뒤집듯이 섞는다.

겉반죽의 무게를 재서 180g을 용기에 넣는다.

06의 표면을 고무주걱으로 평평하게 정리한다.

1차 발효(겉반죽)

08
뚜껑을 덮어 18℃에서 15시간 발효시킨다. 발효 준비가 끝나면 바로 09를 진행한다.

발효 끝.

09
06에서 남은 속반죽에 통아몬드를 넣는다.

10
과일절임을 넣는다.

048

11

고무주걱으로 섞는다.

12

반죽을 반으로 자른다.

13

겹친다.

14

12~13을 8번 반복한다.

15

반죽완성온도 23℃

다른 용기에 넣고, 표면을 고무주걱으로 평평하게 정리한다.

16

1차 발효(속반죽)

뚜껑을 덮고 18℃에서 15시간 발효시킨다.

→

발효 끝.

17

분할 · 성형

작업대에 덧가루를 듬뿍 뿌린다.

18

겉반죽 표면에 덧가루를 듬뿍 뿌린다.

19

용기의 네 면에 스크레이퍼를 찔러 넣는다.

20

용기를 뒤집어서 겉반죽을 작업대에 꺼낸다.

21

스크레이퍼로 2등분한 다음, 무게를 재서 같은 양으로 만든다.

다시 작업대와 속반죽에 덧가루를 듬뿍 뿌린다.

용기의 네 면에 스크레이퍼를 찔러 넣는다.

용기를 뒤집어서 속반죽을 꺼낸다.

스크레이퍼로 속반죽을 2등분한 다음, 무게를 재서 같은 양으로 만든다.

속반죽을 가로로 놓는다.

앞쪽에서 뒤쪽으로 조심스럽게 만다.

이음매가 아래로 가게 놓는다. 남은 속반죽도 같은 방법으로 만든다.

겉반죽에 덧가루를 듬뿍 뿌린다.

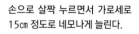

손으로 살짝 누르면서 가로세로 15㎝ 정도로 네모나게 늘린다.

겉반죽 표면에 분무기로 물을 뿌려서 적신다.

28의 속반죽에 묻어 있는 덧가루를 턴다.

31의 앞쪽에 올리고, 겉반죽으로 속반죽을 감싸듯이 만든다.

 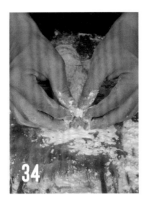  

양쪽 끝을 손가락으로 눌러서 붙인다.

다시 작업대에 덧가루를 듬뿍 뿌리고, **34**를 굴려 덧가루를 듬뿍 묻힌다. 틀 크기에 맞게 길이를 조절한다.

이음매가 아래로 가도록 틀에 넣는다. 나머지 반죽도 같은 방법으로 작업한다.

최종 발효

쿠프나이프로 가운데에 칼집 1개를 깊게(5~8㎜) 넣는다. 나머지 반죽도 같은 방법으로 작업한다. 상온에서 5~10분 휴지시킨다.

굽기

250℃로 예열한 오븐에 넣는다.

오븐 안쪽 벽에 분무기로 물을 10번 뿌린다. 230℃(스팀 있음)에서 10분 굽고, 방향을 돌려 250℃(스팀 없음)에서 15분 굽는다.

주종

생쌀, 밥, 쌀누룩, 물을 사용해서 만든 효모이다.
술이 떠오르는 알코올 냄새와, 은은한 단맛과 신맛이 난다.

주종의 환경조건

① 장벽

누룩곰팡이균으로 장벽을 만든다.

② 먹이(영양)

누룩곰팡이균이 전분을 당화시킨 것이 먹이가 된다.

③ 온도

효모균의 활성화가 우선이므로, 온도를 높게(28~35℃) 설정한다.

④ pH

산성을 만들지 않아도 되므로, 고려하지 않는다.

⑤ 산소

산소가 있는 환경을 좋아하므로 재료를 섞어준다.

⑥ 삼투압

부패균이 증가할 경우에는 소금을 1~2% 넣어 억제한다.

주종 만드는 방법

주종에는 술지게미 스타터와 쌀누룩 스타터가 있다. 술지게미 스타터는 효모균을 미리 넣은 상태에서 키운다. 쌀누룩 스타터는 효모균을 넣으면서 키운다.

주종(술지게미)		
	1회차	2회차
술지게미	50g	–
물	200g	–
밥	–	50g
전회차에 만든 종	–	1회차 전량

섞은 뒤 온도
24℃

발효온도
28℃

1회차

2회차

용기에 술지게미와 분량의 물을 넣고, 거품기로 골고루 섞는다.(섞은 뒤 온도는 24℃) 28℃ 발효기에 넣고 하루 3번 섞어준다. 1회차는 기포가 조금만 생긴다.(기포가 곱지 않아도 괜찮다)

1회차의 액체에 밥을 넣고, 거품기로 골고루 섞는다.(섞은 뒤 온도는 24℃) 28℃ 발효기에 넣고 하루 3번 섞어준다. 2회차는 밥이 녹고 고운 기포가 생긴다. 이것으로 완성. 냉장고에 1~2일 동안 보관할 수 있다.

주종(쌀누룩)

	1회차	2회차	3회차	4회차
쌀	50g	–	–	–
밥	20g	100g	100g	100g
쌀누룩	50g	40g	20g	20g
전회차에 만든 종	–	40g	40g	20g
물	100g	80g	60g	60g

섞은 뒤 온도 24℃

발효온도 28℃

용기에 쌀, 밥, 쌀누룩, 분량의 물을 넣고 거품기로 골고루 섞는다.(섞은 뒤 온도 24℃) 28℃ 발효기에 넣고 하루 3번 섞어준다. 1회차는 기포가 조금 생긴다.(약 2일 경과) 냄새는 처음과 다르지 않다.

1회차 종의 안쪽에서 필요한 양을 꺼낸다. 다른 용기에 1회차 종, 밥, 쌀누룩, 분량의 물을 넣고 골고루 섞은 뒤, 28℃ 발효기에 넣고 하루 3번 섞어준다. 2회차는 1회차보다 기포가 많아진다.(약 2일 경과) 냄새는 1회차와 다르지 않다.

2회차 종의 안쪽에서 필요한 양을 꺼낸다. 다른 용기에 2회차 종, 밥, 쌀누룩, 분량의 물을 넣고 골고루 섞은 뒤, 28℃ 발효기에 넣고 하루 3번 섞어준다. 3회차는 고운 기포가 생긴다.(약 1일 경과) 알코올 냄새가 난다.

4회차도 같은 방법으로 작업한다. 4회차는 3회차보다 고운 기포가 더 많아지고, 술처럼 알코올 냄새가 난다.(약 1일 경과) 이것으로 완성. 냉장고에 3~4일 동안 보관할 수 있다.

모찌빵 (치아바타풍)

떡처럼 쫄깃한 밀가루 빵. 술이 떠오르는 감칠맛과 풍미가 있다.

갓 구운 빵에 흑설탕을 졸여서 만든 흑밀과 콩가루를 뿌려서 먹거나

달콤한 설탕이 들어간 간장을 찍어 먹으면 맛있다.

떡에는 없는, 발효에 의한 감칠맛을 즐길 수 있다.

재료
6개 분량

중종

		베이커스%
강력분(하루요코이)	120g	60
주종(술지게미) p.52	20g	10
물	60g	30
TOTAL	200g	100

본반죽

		베이커스%
강력분(기타노카오리100)	80g	40
중종(위 참조)	200g	100
해조소금	4g	2
물	120g	60
TOTAL	404g	202

덧가루(밀가루) ······················ 적당량

과정

▼ **중종**
섞은 뒤 온도 26℃
30℃에서 1.5배 정도까지 발효
→ 냉장고에 보관

▼ **본반죽**

▼ **믹싱**
반죽완성온도 25℃

▼ **1차 발효**
28℃에서 15분

▼ **펀치 1회차**
28℃에서 15분

▼ **펀치 2회차**
28℃에서 15분

▼ **펀치 3회차**
용기에 넣고 28℃에서 2시간

▼ **성형**

▼ **분할**
6등분

● **굽기**
250℃(스팀 있음)에서 9분
→ 250℃(스팀 없음)에서 15분

POINT

술지게미는 발포력은 강하나 누룩곰팡이균
의 전분분해효소가 활발하게 작용해서 반죽
이 퍼지기 쉽다. 반죽을 지나치게 세게 만지
지 말고, 반죽이 느슨해질 때 고무주걱으로
펀치를 몇 번 하면 볼륨감 있는 빵이 된다.

중종을 만든다

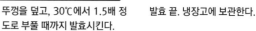

섞기 → **섞은 뒤 온도 26℃** **발효** →

보관용 병에 재료를 모두 넣고, 가루가 보이지 않을 때까지 고무주걱으로 섞는다.

뚜껑을 덮고, 30℃에서 1.5배 정도로 부풀 때까지 발효시킨다.

발효 끝. 냉장고에 보관한다.

본반죽을 만든다

믹싱 →

볼에 물과 소금을 넣고 고무주걱으로 섞는다.

중종을 손으로 찢어서 넣는다.

밀가루를 넣는다.

가루가 보이지 않을 때까지, 볼 바닥부터 뒤집듯이 섞는다.

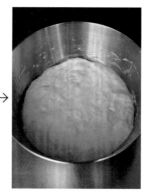

반죽완성온도 25℃ → **1차 발효** → **펀치** →

28℃에서 15분 동안 발효시킨다.

발효 끝.

고무주걱을 가운데까지 찔러 넣는다.

 →  →  →  →

고무주걱을 돌리면서 반죽을 돌돌 만다.

전체가 잘 말리면, 손가락으로 반죽을 누르고 고무주걱을 빼낸다.

 →  →

08~10을 15분 간격으로 3번 반복한다.

용기에 넣는다.

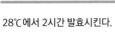 →

성형

28℃에서 2시간 발효시킨다.

발효 끝.

작업대에 덧가루를 듬뿍 뿌린다.

반죽에도 덧가루를 듬뿍 뿌린다.

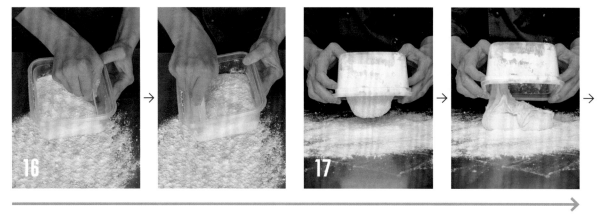

용기의 네 면에 스크레이퍼를 찔러 넣는다.　　　　　　　　　용기를 뒤집어서 반죽을 작업대에 꺼낸다.

좌우로 3절접기를 하고, 앞쪽에서 뒤쪽으로 1/3을 접은 뒤 덧가루를 털　　　　뒤쪽에서 앞쪽으로 접는다.
어낸다.

  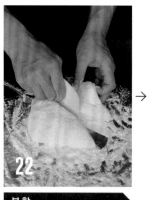

분할

덧가루 위로 굴린다.　　　　　　이음매가 아래로 가게 놓는다.　　　가로세로 15㎝ 정도로 네모나게
　　　　　　　　　　　　　　　　　　　　　　　　　　　　　　　늘리고, 대각선으로 자른다.

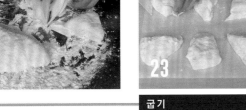

각각 3등분한다.

오븐시트를 깐 나무판에 올린다.

쿠프나이프로 가운데에 각각 칼집을 1개씩 넣는다.

오븐팬을 넣고 250℃로 예열한 오븐에, 나무판 위의 시트를 미끄러뜨리듯이 넣는다.

오븐 안쪽 벽에 분무기로 물을 5번 뿌린 뒤 250℃(스팀 있음)에서 9분 굽고, 방향을 돌려 250℃(스팀 없음)에서 15분 굽는다.

허니크림

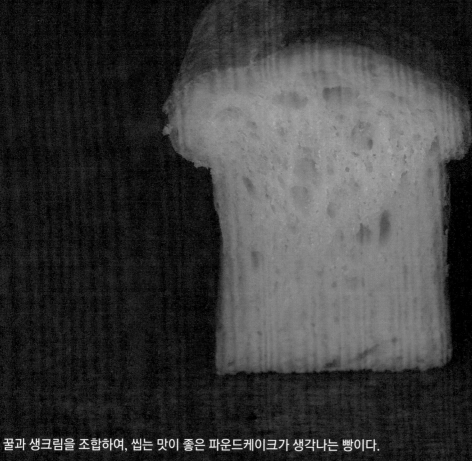

꿀과 생크림을 조합하여, 씹는 맛이 좋은 파운드케이크가 생각나는 빵이다.

쌀의 감칠맛과 식혜의 단맛을 지닌, 발포력 강한 발효종을 사용한다.

토스트를 하거나 잼 등을 발라 간식으로 즐겨보자.

재료
파운드케이크틀 2개 분량

		베이커스%
강력분(하루요코이) ·················	250g	100
주종(쌀누룩) p.53 ·················	25g	10

A

해조소금 ··························	5g	2
꿀 ·······························	37.5g	15
생크림(유지방 35%) ···············	100g	40
물 ·······························	100g	40
무염버터 ··························	25g	10

＊ 상온에 둔다.

TOTAL	542.5g	217

덧가루(강력분) ····················· 적당량

과정

▼ **믹싱**
반죽완성온도 23℃

▼ **1차 발효**
28℃에서 20분

▼ **펀치**
18℃에서 8~10시간

▼ **분할 · 둥글리기**
2등분

▼ **휴지**
상온에서 10분

▼ **성형**

▼ **최종 발효**
35℃에서 1~2시간

● **굽기**
200℃(스팀 없음)에서 15분
→ 200℃(스팀 없음)에서 5분

POINT

점성이 높고 생크림도 많이 배합한 반죽이
므로, 발포력이 높은 주종을 사용하면 촉촉
하고 폭신한 빵을 만들 수 있다. 글루텐 골
격이 약하므로, 분할 · 둥글리기 과정에서
여러 번 충분히 비틀어서 반죽을 강하게 만
든다.

볼에 A를 넣고, 고무주걱으로 섞은 뒤 주종을 넣는다.

밀가루를 넣는다.

가루가 보이지 않을 때까지, 볼 바닥부터 뒤집듯이 섞는다.

작업대에 꺼낸다.

스크레이퍼를 사용해서 반죽을 뒤쪽에서 앞쪽으로 들어올린다.

반죽의 방향을 돌려서 들고, 작업대에 내려친다.

반으로 접는다. **05~07**을 6번×4세트 반복한다.

버터를 잘게 잘라 올리고, 손으로 전체에 넓게 편다.

스크레이퍼로 반죽을 반 자른다.

스크레이퍼로 들어올린다.

겹친다.

 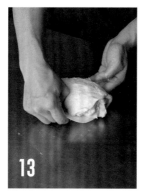  

손으로 누른다. **09~12**를 방향을 돌려가며 8번 반복한다.

스크레이퍼를 사용해서 반죽을 뒤쪽에서 앞쪽으로 들어올린다.

반죽의 방향을 돌려서 들고, 작업 대에 내려친다.

반으로 접는다.

반죽완성온도 23℃

13~15를 6번×3세트 반복한다.

1차 발효

용기에 넣고, 뚜껑을 덮어 28℃ 에서 20분 동안 발효시킨다.

발효 끝.

펀치

용기를 비스듬히 들고, 고무주걱 을 모서리부터 가운데까지 찔러 넣는다.

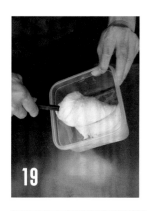   

고무주걱을 돌리면서 반죽을 돌 돌 만다.

전체가 잘 말리면, 손가락으로 반 죽을 누르고 고무주걱을 빼낸다.

뚜껑을 덮고 18℃에서 8~10시 간 발효시킨다.

발효 끝.

   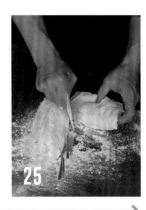

분할 · 둥글리기

작업대와 반죽 표면에 덧가루를 듬뿍 뿌린다.

용기의 네 면에 스크레이퍼를 찔러 넣는다.

용기를 뒤집어서 반죽을 작업대에 꺼낸다.

스크레이퍼로 2등분한 다음 무게를 재서 같은 양으로 만든다.

오른손으로 왼쪽 앞 모서리를, 왼손으로 오른쪽 앞 모서리를 잡는다.

엇갈린 손을 풀어 반죽을 비튼다.

반죽 앞쪽을 잡아 뒤쪽으로 말고, 이음매가 위로 가게 놓는다.

방향을 돌리고, 26~28과 같은 방법으로 작업한다.

 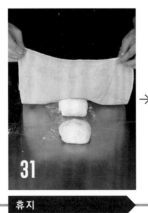  

휴지
성형

이음매가 아래로 가게 놓는다. 나머지 반죽도 같은 방법으로 작업한다.

젖은 면보를 덮고, 상온에서 10분 동안 휴지시킨다.

휴지 끝.

작업대에 덧가루를 뿌리고, 이음매가 위로 가게 놓는다. 손바닥으로 큰 기포를 꺼뜨리면서, 가로세로 12㎝ 정도로 네모나게 늘린다.

앞쪽에서 뒤쪽으로 1/3을 접는다.

접은 반죽의 끝부분을 손바닥 끝으로 누른다.

뒤쪽에서 앞쪽으로 접는다.

접은 반죽의 끝부분을 손바닥 끝으로 누른다.

뒤쪽에서 앞쪽으로 반 접는다.

접은 반죽의 끝부분을 손바닥 끝으로 누른다.

작업대에 굴려서 20㎝ 길이로 만든다.

이음매가 아래로 가도록 틀에 넣는다. 나머지 반죽도 같은 방법으로 작업한다.

최종 발효

35℃에서 1~2시간 발효시킨다

발효 끝.

굽기

200℃로 예열한 오븐에서 스팀 없이 15분 굽고, 방향을 돌려서 5분 더 굽는다.

요구르트종

요구르트에 물을 넣고, 경우에 따라서는 통밀가루를 넣어 만든 효모이다.
요구르트의 부드러운 신맛이 느껴지며, 발포력이 강한 것이 특징이다.

요구르트종의 환경조건

① 장벽

효모균은 적지만, 유산균이 많아서 유산균 장벽이 생긴다.

② 먹이(영양)

유산균과 효모균이 잘 먹는 설탕을 조금 첨가한다.

③ 온도

유산균 장벽을 만들면서 효모균도 늘리기 위해 온도를 높게
(28~35℃) 설정한다.

④ pH

요구르트는 강한 산성을 띤 스타터이므로 희석하여 약산성으
로 만든다.

⑤ 산소

용기의 바닥 가까이에 유산균이 많다. 산소는 필요하지 않으
며, 공기 중의 다른 균이 표면에서 번식하지 않도록 주의한다.

⑥ 삼투압

부패균이 늘어나면 소금을 1~2% 넣어 억제한다.

요구르트종 만드는 방법

요구르트종(밀가루 없음)

요구르트(플레인) ···································· 150g
꿀 ··· 15g
물 ··· 150g

섞은 뒤 온도
28℃

발효온도
28℃

용기에 재료를 모두 넣고 골고루 섞는다.(섞은 뒤 온도 28℃) 28℃ 발효기에 넣고 12시간 마다 섞어준다.

고운 기포가 생기고 pH4(요구르트 속 단백질이 응고한다)가 되면 완성이다. 냉장고에 3~4일 동안 보관할 수 있다.

요구르트종(밀가루 포함)

요구르트(플레인) ···································· 100g
꿀 ··· 10g
물 ··· 100g
통밀가루 ·· 100g

섞은 뒤 온도
28℃

발효온도
30℃

용기에 요구르트, 꿀, 분량의 물을 넣고 거품기로 골고루 섞는다. 통밀가루를 넣고 다시 섞은 다음(섞은 뒤 온도 28℃), 30℃ 발효기에 넣고 12시간마다 섞어준다.

1~2일 안에 고운 기포가 생기고 pH4(요구르트 속 단백질이 응고한다)가 되면 완성이다. 냉장고에 1주일 정도 보관할 수 있다.

요구르트종(밀가루 포함)

발효과자

과자에는 잘 넣지 않는 신맛의 발효종으로 만들어서, 오래 두고 먹을 수 있는 일본풍 발효과자.
진한 맛의 차나 에스프레소 등과 궁합이 좋다.
속은 묵직하며 겉은 비스킷처럼 바삭한 식감을 즐길 수 있다.

재료
1개 분량

과정

▼ 중종
  섞은 뒤 온도 24℃
  30℃에서 90분 발효
  → 냉장고에서 하룻밤

▼ 본반죽

▼ 믹싱

▼ 분할, 성형

▼ 최종 발효
  상온에서 5~10분

● 굽기
  190℃에서 50분→ 냉동실에 보관

중종

		베이커스%
준강력분(타입ER)	25g	25
말차	5g	5
요구르트종(밀가루 포함) p.67	60g	60
무염버터	10g	10
TOTAL	100g	100

본반죽

		베이커스%
강력분(하루유타카 블렌드)	70g	70

* 밀가루는 비닐봉지에 넣는다.

중종(위 참조)	100g	100

A

해조소금	0.5g	0.5
사탕수수설탕	30g	30
무염 발효버터	45g	45
검은콩조림(구로마메니 / 시판품)	80g	80

* 검은콩에 설탕과 물을 넣고 달콤하게 조린 일본의 대표적인 검은콩 요리.

흰참깨(볶은 것)	10g	10
TOTAL	335.5g	335.5
덧가루(강력분)		적당량

POINT

신맛이 뚜렷한 요구르트종을 많이 배합한다. 구웠을 때 pH가 산성이 되므로, 곰팡이가 잘 피지 않아 오래 보관할 수 있다. 검은콩이 타지 않도록, 분할한 겉반죽으로 속반죽을 감싼다.

중종을 만든다

  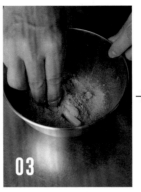 

섞기

밀가루가 든 비닐봉지에 말차를 넣는다.

흔들어서 골고루 섞는다.

볼에 버터와 **02**를 넣고, 손가락으로 버터를 으깨면서 가루가 보이지 않을 때까지 섞는다.

섞은 뒤 온도 24℃

요구르트종을 넣는다.

고무주걱으로 골고루 섞는다.

용기에 넣고 표면을 평평하게 정리한다.

뚜껑을 덮고 30℃에서 90분 동안 발효시킨다. 그런 다음 냉장고에 넣고 하룻밤 그대로 둔다.

본반죽을 만든다

 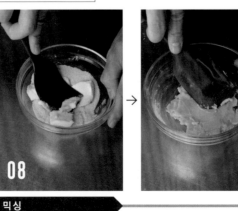 

믹싱

발효 끝.

볼에 A를 넣고, 고무주걱으로 전체를 골고루 섞는다. 냉장고에서 1~2시간 동안 차갑게 식힌다.

밀가루가 들어 있는 비닐봉지에 흰참깨를 넣는다.

흔들어서 골고루 섞는다.

다른 볼에 **10**을 넣고, 중종을 작게 잘라 넣는다.

손가락으로 으깨면서 흰 가루가 보이지 않을 때까지 밀가루와 중종을 섞는다.

08을 작게 잘라 넣는다.

손가락으로 으깨면서 가루가 보이지 않을 때까지 섞는다.

스크레이퍼로 작업대에 꺼낸다.

손바닥 끝으로 반죽을 조금씩 작업대에 치대서, 옅은 색을 띠고 부드러워지게 만든다.

전체적으로 색이 옅고 자연스럽게 말릴 정도로 부드러워지면 마무리한다.

분할·성형

한 덩어리로 뭉친다.

스크레이퍼로 겉반죽 100g을 잘라낸다.

손으로 겉반죽을 12×10㎝ 정도로 늘린다.

스크레이퍼에 올려, 냉장고에서 5~10분 동안 차갑게 식힌다.

19에서 남은 속반죽 전체에 검은콩조림을 넓게 펴 올린다. 엄지와 검지를 사용해서 반으로 자른다.

겹친다.

살짝 누른다.

22~24를 방향을 돌려가며 8번 반복한다.

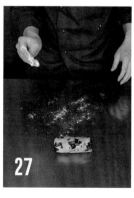

작업대 위에 굴려서 12㎝ 길이의 원통모양을 만든다.

작업대에 덧가루를 살짝 뿌린다.

냉장고에서 21의 겉반죽을 꺼내 작업대에 올린다.

밀대로 밀어서 12×15㎝ 크기로 늘린다.

26을 앞쪽에 올린다.

앞쪽에서 뒤쪽으로, 틈이 생기지 않게 만다.

양쪽 끝을 손가락으로 눌러서 붙인다.

작업대 위로 굴려서 15㎝ 길이로 만든다.

이음매가 아래로 가도록 오븐시트에 올린다.

최종 발효

오븐팬 위에 올리고, 상온에서 5~10분 발효시킨다.

굽기

190℃로 예열한 오븐에 넣고, 50분 동안 굽는다. 완성되면 바로 냉동실에 넣고, 충분히 식혀서 굳힌다. 보관할 때는 비닐랩에 싸서 냉동실에 넣는다. 보관기간은 1개월 정도. 먹을 때는 냉장실로 옮겨서 2~3시간 해동한 다음, 칼로 자른다.

요구르트종(밀가루 포함)
쿠글로프

요구르트종을 사용한 것으로, 케이크와도 과자빵과도 다른 맛이 난다.

밀과 우유가 각각 유산발효한 신맛과 풍미를 마음껏 즐겨보자.

재료
지름 12㎝ 쿠글로프틀 2개 분량

		베이커스%
강력분(하루유타카 블렌드)	180g	100
요구르트종(밀가루 포함) p.67	60g	33
A		
해조소금	3g	1.6
메이플시럽	40g	22
달걀노른자	40g	22
달걀흰자	20g	11
마스카르포네치즈	40g	22
우유	40g	22
무염 발효버터	100g	55
* **상온에 둔다.**		
마롱 글라세 콩스텔라시옹	40g	22
* **마롱 글라세를 부순 것.**		
구운 피칸	20g	11
TOTAL	**583g**	**321.6**
코코아파우더	5g	
덧가루(강력분)	적당량	
시럽(마무리용)	적당량	

* 냄비에 물 : 사탕수수설탕을 1 : 1.3의 비율로 넣고, 가열해서 녹인다.

과정

▼ **믹싱**
반죽완성온도 23℃

▼ **1차 발효**
18℃에서 15시간

▼ **분할, 성형**
2등분

▼ **최종 발효**
35℃에서 90분

● **굽기**
190℃에서 30분

POINT

케이크와 비슷한 배합이지만 지방이 많아 잘 부풀지 않는다. 도자기 재질의 쿠글로프틀을 사용하기 때문에, 작은 기포에도 천천히 열이 전달된다. 그래서 반죽이 빨리 굳지 않고 오븐스프링이 천천히 일어난다.

믹싱

볼에 A를 넣고, 요구르트종을 넣 는다.

고무주걱으로 섞고 밀가루를 넣 는다.

가루가 보이지 않을 때까지, 볼 바닥부터 뒤집듯이 섞는다.

작업대에 반죽을 꺼내고, 스크레 이퍼를 사용해서 뒤쪽에서 앞쪽 으로 들어올린다.

반죽의 방향을 돌려서 들고, 작업 대에 내려친다.

반으로 접는다. 04~06을 6번× 3세트 반복한다.

버터를 반죽 위에 올리고, 손으로 전체에 넓게 편다.

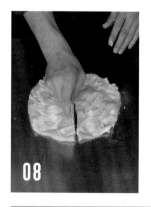   

스크레이퍼로 2등분한다.

스크레이퍼로 들어서 겹친다.

손으로 누른다.

08~10을 방향을 돌려가며 8번 반복한다.

스크레이퍼로 반죽을 뒤쪽에서 앞쪽으로 들어올린다.

반죽의 방향을 돌려서 들고, 작업대에 내려친다.

반으로 접는다. **12~14**를 6번×3세트 반복한다.

스크레이퍼로 반죽을 뒤쪽에서 앞쪽으로 모아, 한 번에 들어올린다.

방향을 돌려 똑바로 떨어뜨린다.

15~16을 10번×3세트 반복한다.

피칸을 손으로 부수고, 그 위에 반죽을 올린다.

마롱 글라세를 반죽 표면에 고르게 올린다.(큰 것은 부순다)

스크레이퍼를 반죽 밑에 찔러 넣어 들어올린다.

방향을 돌리고 똑바로 떨어뜨린다. **20~21**을 10번×2세트 반복한다.

반죽 표면에 피칸이 보이기 시작하면 마무리한다.

스크레이퍼로 2등분한 다음, 무게를 재서 같은 양으로 만든다.

24

반죽 1개에 코코아파우더를 뿌린다.

25

손으로 돌리면서 반죽에 코코아파우더를 섞는다.

26

스크레이퍼로 반죽을 뒤쪽에서 앞쪽으로 모아, 한 번에 들어올린다.

27

반죽완성온도 23℃

그대로 똑바로 떨어뜨린다. **26~27**을 10번 반복한다.

28

1차 발효

23에서 남은 반죽과 **27**을 용기에 넣고, 뚜껑을 덮어 18℃에서 15시간 발효시킨다.

→

발효 끝.

29

분할·성형

작업대와 반죽 표면에 덧가루를 듬뿍 뿌린다.

30

용기의 네 면에 스크레이퍼를 찔러 넣는다.

31

용기를 뒤집어서 반죽을 작업대에 꺼낸다.

32

스크레이퍼로 반죽을 2등분한다.

33

코코아 반죽을 각각 플레인 반죽 위로 접어서 겹친다.

34

손바닥으로 눌러서 가로세로 15㎝ 정도로 네모나게 늘린다.

35

덧가루를 털면서 앞쪽에서 뒤쪽으로 만다. 나머지 반죽도 같은 방법으로 만다.

36

이음매가 위로 가게 놓고, 손으로 누른다.

37

오른손으로 왼쪽 앞 모서리를 잡고, 왼손으로 오른쪽 앞 모서리를 잡는다.

38

엇갈린 손을 풀어 반죽을 비튼다.

39

반죽 앞쪽을 잡고 뒤쪽으로 만다.

40

이음매가 위로 가게 손에 올리고, 둥글게 모양을 정리한다.

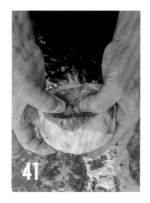

41

엄지와 중지로 반죽을 잡고, 꽉 눌러서 가운데에 구멍을 낸다.

42

버터(분량 외)를 듬뿍 바른 틀에 넣는다. 나머지 반죽도 **34~42**와 같은 방법으로 작업한다.

43

최종 발효

35℃에서 90분 발효시킨다.

발효 끝.

44

굽기

190℃로 예열한 오븐에 넣고, 30분 동안 굽는다.

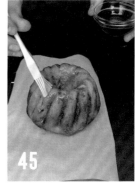
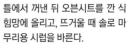

45

틀에서 꺼낸 뒤 오븐시트를 깐 식힘망에 올리고, 뜨거울 때 솔로 마무리용 시럽을 바른다.

사워종

전통적으로 내려오는 사워종을 계속 이어서 만드는 방법, 유산균이나 효모균 스타터를 사용해서 만드는 방법, 원종을 만들고 스크리닝을 반복해 종을 이어가는 방법, 이렇게 3가지가 있다. 첫 번째는 대대로 이어온 빵집의 비법으로, 만드는 방법이 정확하지 않다. 두 번째는 기업이 배양한 스타터를 사용하기 때문에 만드는 방법을 알 수 없다. 이런 이유로 이 책에서는 세 번째 방법으로 만든 사워종을 사용한다.

사워종의 종류

밀가루의 감칠맛을 원할 때 사용하는 사워종

르뱅종

밀이나 호밀을 기본으로 만든 발효종으로, pH4.3 이하인 자연산화작용을 하는 세균총(세균 덩어리)을 말한다. 종을 만드는 동안 밀가루를 넣어 완성시키는데, 단단한 것(TA150~160)이 많다. 부드러운 리퀴드 타입(TA200~225)과 단단한 뒤르 타입(TA150~170)이 있으며, 밀의 진한 감칠맛과 강한 신맛이 느껴진다. 균의 종류는 사카로미세스 세레비지에(Saccharomyces cerevisiae), 칸디다 밀레리(Candida milleri), 락토바실루스 브레비스(Lactobacillus brevis) 등이 있다.

＊TA란 Teigausbeute의 약자로, 가루와 그에 대한 기본 액체의 비율을 말한다.(p.27 참조)

호밀사워종

호밀을 기본으로 마지막까지 호밀로 완성시킨 발효종이다. 단단한 것(TA150~160)과 부드러운 것(TA180~200)이 있다. 호밀의 진한 감칠맛과 뚜렷하고 강한 신맛이 느껴지는 발효종이 된다. 또한 굽는 동안 호밀전분에 분해효소(아밀라아제)가 지나치게 작용하지 않도록 억제하는 효과도 있어서, 호밀을 많이 배합하는 빵에 사용한다. 균 종류는 사카로미세스 세레비지에(Saccharomyces cerevisiae), 락토바실루스 브레비스(Lactobacillus brevis), 락토바실루스 플란타룸(Lactobacillus plantarum), 락토바실루스 샌프란시센시스(Lactobacillus sanfranciscensis) 등이 있다.

전문적으로 빵을 만들 때 사용하는 사워종

화이트사워종

밀이 주재료인 발효종으로, 샌프란시스코에서 유래되어 샌프란시스코 사워종이라고도 한다. 풍부한 밀의 감칠맛과 비교적 강한 신맛이 특징이다. 일본이나 한국의 기후풍토에서는 존재하기 어려운 효모균이나 유산균이 사용되므로, 시판되는 스타터를 사용하거나 현지 빵집에서 구입해야 한다. 균의 종류는 사카로미세스 엑시구스(Saccharomyces exiguus), 락토바실루스 샌프란시센시스(Lactobacillus sanfranciscensis) 등이 있다.

파네토네종

밀이 주재료인 발효종으로, 이탈리아 북부 롬바르디아 지방에서 오래전부터 전통빵을 만드는 데 이용되었다. 밀의 감칠맛도 있으면서, pH4 이하의 환경에서도 산에 강한 발효력을 가진다. 한국이나 일본의 기후풍토에서는 존재하기 어려운 효모균이나 유산균이 사용되므로, 시판되는 스타터를 사용하거나 현지 빵집에서 구입해야 한다. 가정에서는 잘 사용하지 않는다. 균의 종류는 사카로미세스 엑시구스(Saccharomyces exiguus), 락토바실루스 플란타룸(Lactobacillus plantarum), 락토바실루스 샌프란시센시스(Lactobacillus sanfranciscensis) 등이 있다.

스크리닝 방법

이 책에서 사용하는 사워종은 먼저 호밀가루(또는 밀가루)에 물을 넣어 원종을 만든 다음, 5~6일 동안 「밀가루＋원종＋물」을 반복적으로 넣어 좋은 미생물과 나쁜 미생물을 선별해서 만든다.

1일차

처음에는 호밀가루(또는 밀가루)에 물을 넣고 발효시켜 모든 미생물을 증식시킨다.

2일차

바닥쪽에서 일부를 꺼내 다른 용기에 담고, 새로운 밀가루와 물을 넣어 발효시킨다.

3일차 이후

2일차와 같은 작업을 4~5일 반복한다.

1일차.

2일차부터 바닥쪽에서 일부를 꺼낸다.

스크리닝에서 미생물의 활동

처음에는 좋은 미생물과 나쁜 미생물을 모두 배양하지만, 스크리닝을 통해 좋은 미생물만 선별해서 배양한다. 이 메커니즘을 미생물의 활동으로 이해하면 스크리닝을 반복하는 이유를 알 수 있다.

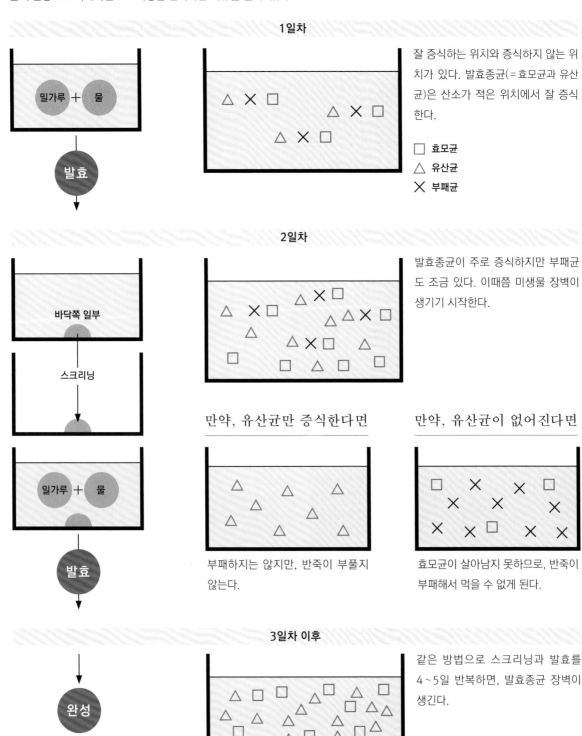

1일차

잘 증식하는 위치와 증식하지 않는 위치가 있다. 발효종균(=효모균과 유산균)은 산소가 적은 위치에서 잘 증식한다.

□ 효모균
△ 유산균
× 부패균

2일차

발효종균이 주로 증식하지만 부패균도 조금 있다. 이때쯤 미생물 장벽이 생기기 시작한다.

바닥쪽 일부

스크리닝

밀가루 + 물

발효

만약, 유산균만 증식한다면

부패하지는 않지만, 반죽이 부풀지 않는다.

만약, 유산균이 없어진다면

효모균이 살아남지 못하므로, 반죽이 부패해서 먹을 수 없게 된다.

3일차 이후

같은 방법으로 스크리닝과 발효를 4~5일 반복하면, 발효종균 장벽이 생긴다.

완성

스크리닝의 환경조건

① 장벽

1일차

없다. 모든 미생물을 증식시킨다.

2일차

약하다. 스크리닝은 발효종균이 많은 위치(바닥쪽)에서 한다.

3일차

뚜렷하게 강해진다. 스크리닝은 발효종균이 많은 위치(바닥쪽)에서 한다.

② 먹이(영양)

1일차

전분을 분해한 것.

2일차

전분을 분해한 것.

3일차

전분을 분해한 것.

③ 온도

1일차

발효종균이 증식하기 좋은 28~35℃.

2일차

발효종균이 증식하기 좋은 28~35℃.

3일차

발효종균이 증식하기 좋은 28~35℃.

④ pH

1일차

중성에 가까운 상태에서 시작. 단, 다음날 조금이라도 산성을 띠지 않는다면 실패.

2일차

1일차보다 강한 산성을 띤다.

3일차

2일차와 같거나 더 강한 산성을 띤다.

⑤ 산소

1일차

균을 증식시키기 위해 잘 섞는다.

2일차

균을 증식시키기 위해 잘 섞는다.

3일차

균을 증식시키기 위해 잘 섞는다.

⑥ 삼투압

1일차

미생물 전체를 증식시키기 위해 소금을 넣지 않는다.

2일차

미생물 전체를 증식시키기 위해 소금을 넣지 않는다.

3일차

부패균의 증식을 막기 위해 소금을 1~2% 넣는다.

4일차 이후

어떤 빵을 만들고 싶은지, 어떤 발효종균을 사용하고 싶은지에 따라 방법이 달라진다. 포인트는 온도와 pH이다.

- **안정된 발효종을 만들고 싶은 경우**

  부패가 잘 일어나지 않도록, 유산균을 우선적으로 증식시켜 강한 산성으로 만든다. 기준은 pH3.8 정도.

- **발포력이 강한(효모균이 많고 활발한) 발효종을 만들고 싶은 경우**

  부풀리는 방법이나 거품을 내는 방법을 고려해서 만든다.

초종 또는 반복종

- 「안심영역」은 부패균이 없어서 안심이지만, 효모균이나 유산균도 활발하게 활동하지 않는다.
  사워종을 사용하는 경우 먼저 「초종」을 「안심영역」에서 완성시키는데,
  이 pH 영역에서는 효모균이나 유산균이 활성화되기 어렵다.

- 그래서 종 잇기(희석·섞기)로 '연속종'을 만든다.
  그러면 「안심영역」에서 「조금 안심영역」으로 이동하여 pH가 바뀌며, 효모균과 유산균의 양이 늘어난다.

- 그대로 배양(발효)하면 pH가 내려가고, 다시 「안심영역」으로 돌아간다 = '반복종'.
  이 작업을 여러 번 반복하면, 몇 년이든 안심하고 사용할 수 있는 사워종을 만들 수 있다.
  * 이 사워종을 많이 사용해서 만든 빵은 '신맛이 강하고 잘 부풀지 않는다'.

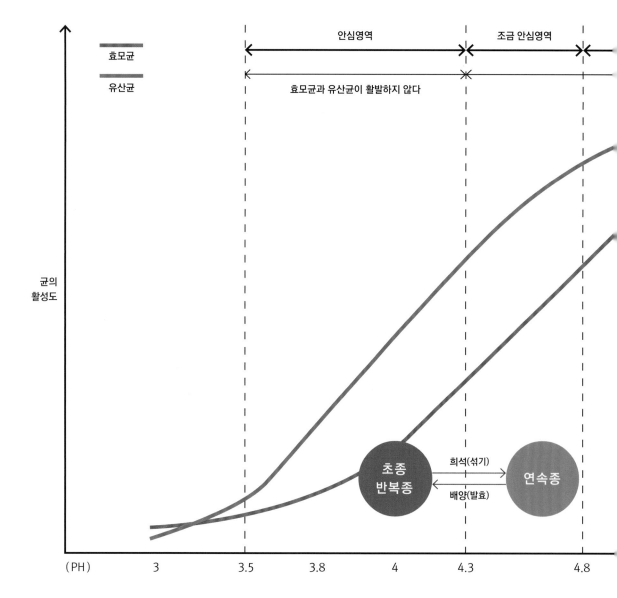

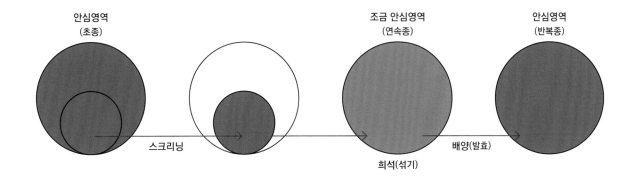

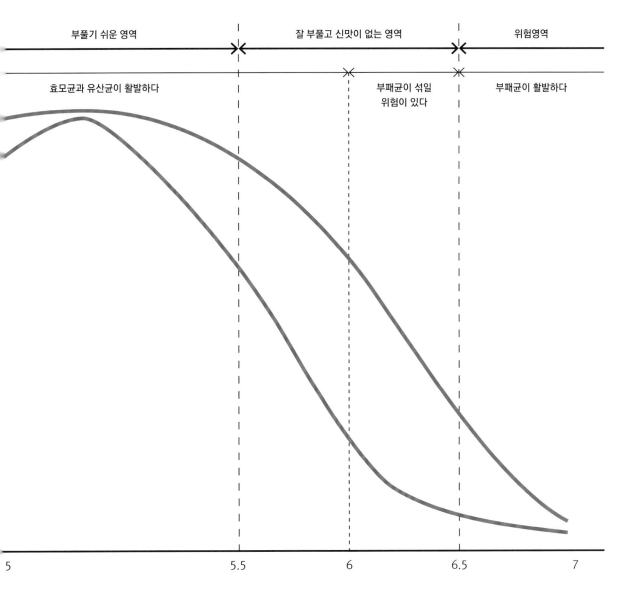

원종

초종이나 반복종으로도 빵을 만들 수는 있지만, 신맛이 너무 강하거나 잘 부풀지 않을 경우 pH를 조절해야 한다.
그럴 때 원종을 만든다.

● 먼저 「안심영역」에서 「부풀기 쉬운 영역」으로 이동한다 = '미완성 원종'.
　초종의 일부를 떼어내, 밀가루와 물을 넣어 희석(섞기)한다. 이렇게 하면 발효종이 활발하게 활동한다.
　그러나 초종을 조금밖에 사용할 수 없기 때문에, 부패균이 들어갈 수 있다.

▼ 효모균이 우위에 있는 것을 확인하기 위해 배양(발효)한다.

▼ 「조금 안심영역」으로 돌아간다 = '완성된 원종'.
　＊ 이 사워종을 많이 사용해서 만든 빵은 '어느 정도 신맛이 나며, 많이는 아니지만 적당히 부풀어 오른다'.

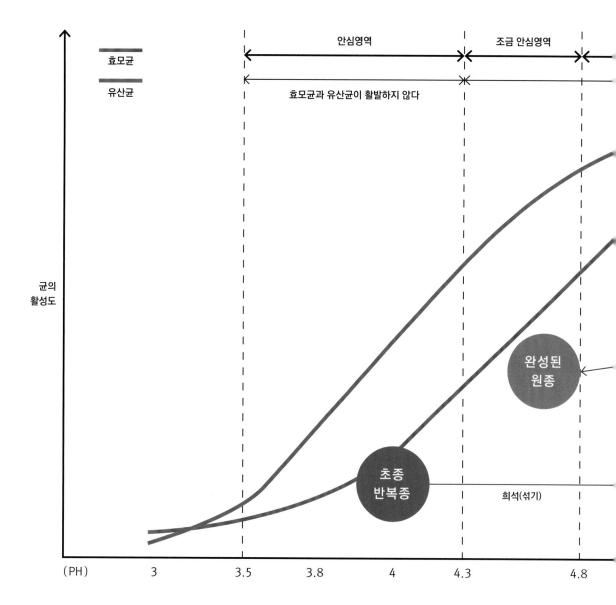

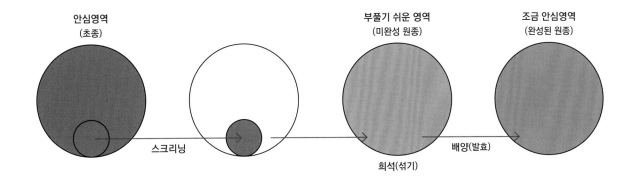

안심영역
(초종)

부풀기 쉬운 영역
(미완성 원종)

조금 안심영역
(완성된 원종)

스크리닝

희석(섞기)

배양(발효)

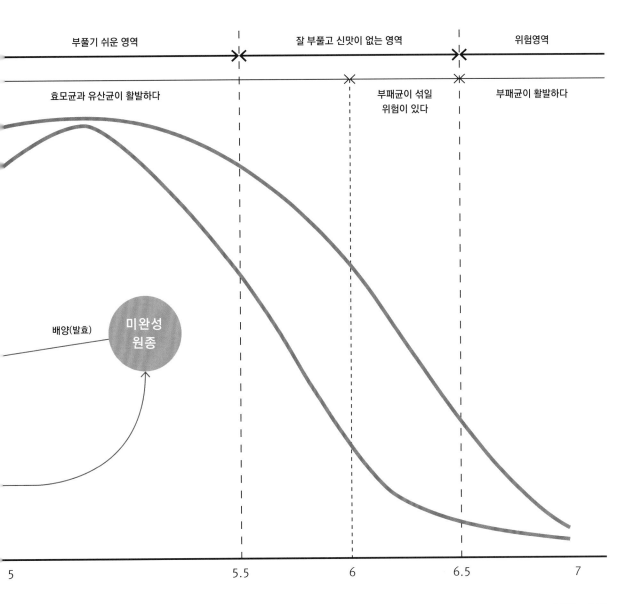

부풀기 쉬운 영역

잘 부풀고 신맛이 없는 영역

위험영역

효모균과 유산균이 활발하다

부패균이 섞일
위험이 있다

부패균이 활발하다

배양(발효)

미완성
원종

5   5.5   6   6.5   7

마무리종

'완성된 원종'으로 빵을 만들 때보다 더 잘 부풀고 신맛을 약하게 만들고 싶을 때,
곧바로 「안심영역」→「잘 부풀고 신맛이 없는 영역」으로 이동시키면
매우 적은 양의 초종을 희석하여 배양하기 때문에 부패균이 섞일 위험이 커진다.
따라서 「조금 안심영역」의 '완성된 원종'을 사용한다.

● '완성된 원종'의 일부를 떼어, 밀가루와 물을 넣고 희석(섞기)한다.

▼ pH는 「위험영역」에 가까워지지만, 효모균과 유산균의 양(수)에 의해 장벽이 생긴다 = '미완성 마무리종'.

▼ 배양(발효)하여 장벽이 생긴 것을 확인한다 = '완성된 마무리종'.
  * 이 사워종을 많이 사용해서 만든 빵은 '잘 부풀고 신맛이 약하다'.

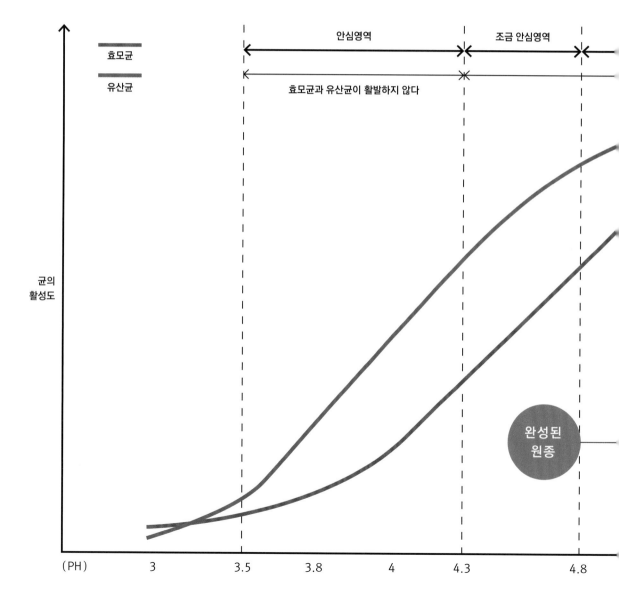

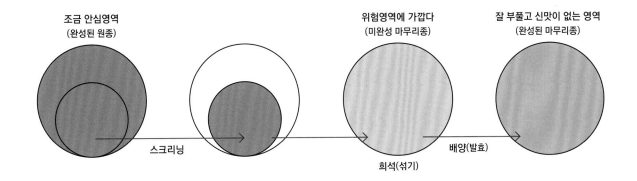

조금 안심영역
(완성된 원종)

스크리닝

위험영역에 가깝다
(미완성 마무리종)

잘 부풀고 신맛이 없는 영역
(완성된 마무리종)

희석(섞기)

배양(발효)

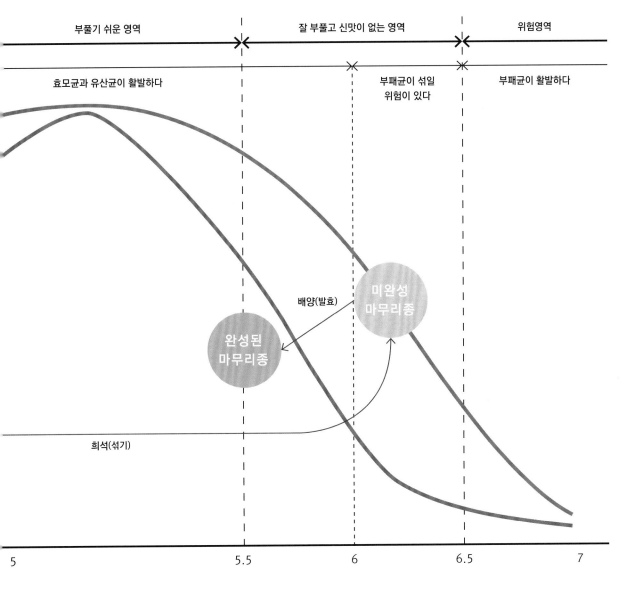

부풀기 쉬운 영역

잘 부풀고 신맛이 없는 영역

위험영역

효모균과 유산균이 활발하다

부패균이 섞일
위험이 있다

부패균이 활발하다

배양(발효)

미완성
마무리종

완성된
마무리종

희석(섞기)

5   5.5   6   6.5   7

마무리종의 pH와 발효종균의 균형

빵은 원종이나 반복종, 초종으로도 만들 수 있다. 마무리종은 이보다 번거로운 작업이 필요한데, 그래도 만드는 이유는 pH와 발효 종균의 양이 안정적으로 균형을 이루기 때문이다. 발효종균이 어떤 상태인지 알면, 번거롭더라도 마무리종을 만드는 이유를 이해할 수 있다.

pH4의 초종 또는 반복종으로 pH6의 마무리종을 만드는 경우

발효종균의 상태

□ 효모균
△ 유산균

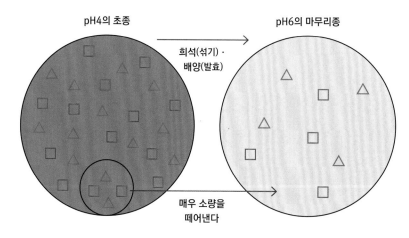

pH4의 초종

희석(섞기)·배양(발효)

pH6의 마무리종

매우 소량을 떼어낸다

초종에서 '매우 소량'을 떼어 희석(섞기)·배양(발효)하면 마무리종이 되는데, 이런 경우 pH와 발효종균의 양이 균형을 이루기 어렵기 때문에 불안정한 상태가 된다.

불안정한 상태

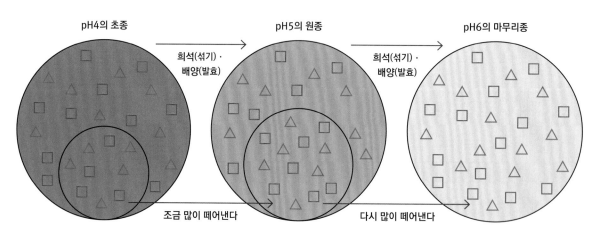

pH4의 초종

희석(섞기)·배양(발효)

pH5의 원종

희석(섞기)·배양(발효)

pH6의 마무리종

조금 많이 떼어낸다

다시 많이 떼어낸다

여기서 pH5의 원종 만드는 작업을 중간에 넣으면 '매우 소량'이 아니라, 그보다 많은 양을 떼어서 희석(섞기)·배양(발효)한다. 그러면 pH가 높아지고 발효종균의 양도 많아져서 균형이 잘 맞는 안정된 발효종이 된다.

안정된 상태

사워종에 사용하는 밀가루

사워종에 사용하는 밀가루는 기본적으로 무엇이든 괜찮지만, 목적에 맞는 밀가루를 사용하면 맛이 보다 깊어진다. 여기서는 각각의 목적에 알맞은 밀가루를 순서대로 정리하였다. 밀가루를 고를 때 참고한다.

종을 만들 때

- 통밀가루
- 농약을 사용하지 않은 유기농 밀가루
- 굵게 간 밀가루
- 회분량이 많은 것

신맛을 강하게 내고 싶을 때

- 통밀가루
- 농약을 사용하지 않은 유기농 밀가루
- 굵게 간 밀가루
- 회분량이 많은 것

잘 부푸는 빵을 만들고 싶을 때

- 회분량이 적은 것
- 단백질량이 많은 것

르뱅종

「르뱅」은 밀가루 또는 호밀가루에 물(+소금)을 넣어 만든 발효종으로, pH 4.3 이하의 산성을 띤다.
「르뱅」에 이미 발효종이라는 의미가 담겨있지만
「르뱅종」이라고 부르는 경우가 많다.

르뱅종의 환경조건

① 장벽

장벽이 없다.

② 먹이(영양)

밀의 전분이나 호밀의 전분이 먹이가 된다.

③ 온도

발포력 있는 효모균을 늘리기 위해 28℃로 설정한다.

④ pH

밀이나 호밀에 붙어있는 유산균을 늘리기 위해 약산성으로
설정한다.

⑤ 산소

산소를 차단해 유산균과 효모균을 늘린다.

⑥ 삼투압

부패균이 늘어나면 소금을 1~2% 넣어 억제한다.

르뱅액종(리퀴드 타입) 만드는 방법

	1회차	2회차	3회차	4회차	5회차
굵은 통호밀가루	70g	–	–		–
고운 통호밀가루	–	50g	25g		–
준강력분(타입ER)	–	–	25g	50g	50g
물	84g	60g	60g	60g	60g
전회차에 만든 액종	–	50g	50g	50g	50g
발효시간	약 1일	약 1일	약 1일	9~12시간	9~12시간

섞은 뒤 온도
28℃

발효온도
28℃

1회차

용기에 굵은 통호밀가루와 분량의 물을 넣고, 거품기로 잘 섞는다.(섞은 뒤 온도 28℃) 28℃ 발효기에 넣는다. 1회차는 반죽이 부풀고 신맛이 있으며 냄새가 난다.

2회차

1회차 액종에서 필요한 양을 꺼낸다. 다른 용기에 분량의 물과 1회차 액종을 넣고 거품기로 잘 섞은 뒤, 고운 통호밀가루를 넣어 다시 섞는다.(섞은 뒤 온도 28℃) 28℃ 발효기에 넣는다. 2회차는 1회차보다 강하게 부풀고, 알코올 냄새와 신맛이 있으며, 아직 냄새가 난다.

3회차

2회차 액종에서 필요한 양을 꺼낸다. 다른 용기에 분량의 물과 2회차 액종을 넣고 거품기로 잘 섞은 뒤, 고운 통호밀가루와 준강력분을 넣어 다시 섞는다.(섞은 뒤 온도 28℃) 28℃ 발효기에 넣는다. 3회차는 2회차보다 고운 기포가 생기고, 반죽이 녹은 듯한 상태가 되며 신맛이 강하다. 2회차와는 다른 냄새가 난다.

4회차

3회차 액종에서 필요한 양을 꺼낸다. 다른 용기에 분량의 물과 3회차 액종을 넣고 거품기로 잘 섞은 뒤, 준강력분을 넣어 다시 섞는다.(섞은 뒤 온도 28℃) 28℃ 발효기에 넣는다. 4회차는 표면 전체에 고운 기포가 생기고, 신맛이 약해진다.

5회차

4회차 액종에서 필요한 양을 꺼낸다. 다른 용기에 분량의 물과 4회차 액종을 넣고 거품기로 잘 섞은 뒤, 준강력분을 넣어 다시 섞는다.(섞은 뒤 온도 28℃) 28℃ 발효기에 넣는다. 5회차는 4회차와 마찬가지로 표면 전체에 고운 기포가 생기고, 과일의 향과 산뜻한 신맛이 느껴진다. 이것으로 완성. 냉장고에 1~2일 동안 보관할 수 있다.

르뱅 액종
캉파뉴

밀의 큰 변화로 생긴 신맛과 감칠맛이 매력인 빵이다.

르뱅액종을 원종에서 마무리종으로 변화시켜

부드러운 신맛이 있는 적당히 가벼운 느낌의 시골풍 빵이 만들어진다.

샌드위치 외에 치즈나 요리 등에 잘 어울린다.

재료
1개 분량

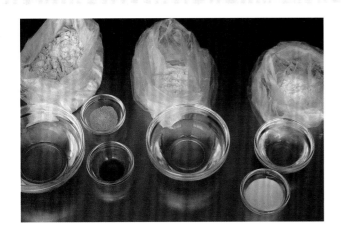

원종

		베이커스%
르뱅액종 p.93	12.6g	4.2
강력분(하루요코이)	30g	10
물	36g	12
TOTAL	78.6g	26.2

마무리종

		베이커스%
원종(위 참조)	78.6g	26.2
강력분(하루요코이)	60g	20
물	72g	24
TOTAL	210.6g	70.2

본반죽

		베이커스%
강력분(기타노카오리100)	144g	48
맷돌로 간 통밀가루	30g	10
고운 통호밀가루	30g	10

* 가루종류는 비닐봉지에 넣는다.

마무리종(위 참조)	210.6g	70.2
해조소금	6g	2
몰트(희석한 것)	1.2g	0.4

* 몰트 : 물＝1 : 1로 희석한다.

물	120g	40
TOTAL	541.8g	180.6

덧가루(강력분) ································· 적당량

과정

▼ **원종**
섞은 뒤 온도 25℃
28℃에서 4~5시간 발효

▼ **마무리종**
섞은 뒤 온도 25℃
28℃에서 2~3시간 발효
→ 냉장고에 보관

▼ **본반죽**

▼ **믹싱**
반죽완성온도 25~26℃

▼ **1차 발효**
30℃에서 1시간 정도

▼ **성형**

▼ **최종 발효**
30℃에서 3시간

● **굽기**
230℃(스팀 있음)에서 10분
→ 250℃(스팀 없음)에서 10분
→ 250℃(스팀 없음)에서 10~15분

POINT

1차 발효에서 많이 부풀리지 않고 2차 발효에서 제대로 부풀리면, 신맛이 강하지 않은 가벼운 느낌의 빵이 완성된다.

원종을 만든다

섞기

보관용 병에 물과 르뱅액종을 넣고, 고무주걱으로 잘 섞는다.

밀가루를 넣는다.

섞은 뒤 온도 25℃

전체가 잘 어우러지도록 골고루 섞는다.

발효

뚜껑을 덮고 28℃에서 4~5시간 발효시킨다.

→

마무리종을 만든다

고운 기포가 생긴다.

섞기

04의 원종에 물과 밀가루를 넣고, 고무주걱으로 덩어리가 없어질 때까지 골고루 섞는다.

→

섞은 뒤 온도 25℃

발효

뚜껑을 덮고 28℃에서 2~3시간 발효시킨다.

→

본반죽을 만든다

고운 기포가 생기기 시작하면 냉장고에 넣는다.

믹싱

볼에 물, 몰트, 소금을 넣고, 고무주걱으로 섞은 뒤 마무리종을 넣는다.

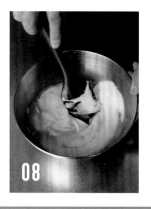

고무주걱으로 골고루 섞는다.

가루종류를 넣은 비닐봉지를 흔들어서 골고루 섞는다.

→

10

08에 09를 넣는다.

11

가루가 보이지 않을 때까지, 고무주걱으로 볼 바닥부터 뒤집듯이 섞는다.

12

스크레이퍼를 사용해서, 반죽을 뒤쪽에서 앞쪽으로 들어올린다.

13

반죽의 방향을 돌려서 들고, 작업 대에 내려친다.

14

반죽완성온도 25~26℃

반으로 접는다. **12~14**를 6번×5 세트 반복한다.

15

1차 발효

용기에 넣고 뚜껑을 덮은 뒤, 30℃ 에서 1시간 정도 발효시킨다.

발효 끝.

16

성형

다른 용기에 성긴 면보를 올리고, 차거름망으로 면보의 결이 보이 지 않을 정도로 덧가루를 뿌린다.

17

작업대와 반죽에 덧가루를 듬뿍 뿌리고, 용기의 네 면에 스크레이 퍼를 찔러 넣는다.

18

용기를 뒤집어서 반죽을 작업대 에 꺼낸다.

19

오른손으로 왼쪽 앞 모서리, 왼손 으로 오른쪽 앞 모서리를 잡는다.

엇갈린 손을 풀어 반죽을 비튼다.

반죽 앞쪽을 잡아서 가운데로 접는다.

왼손으로 오른쪽 뒤 모서리, 오른손으로 왼쪽 뒤 모서리를 잡는다.

엇갈린 손을 풀어 반죽을 비튼다.

반죽 뒤쪽을 잡아서 가운데로 접는다.

반죽의 방향을 돌려서 오른손으로 왼쪽 앞 모서리, 왼손으로 오른쪽 앞 모서리를 잡는다.

엇갈린 손을 풀어 반죽을 비튼다.

반죽 앞쪽을 잡아서 가운데로 접는다.

왼손으로 오른쪽 뒤 모서리, 오른손으로 왼쪽 뒤 모서리를 잡는다.

엇갈린 손을 풀어 반죽을 비튼다.

반죽 뒤쪽을 잡아서 가운데로 접는다.

접은 끝부분을 손으로 누른다.

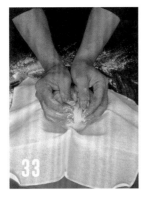

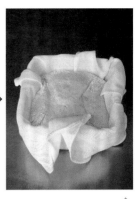

최종 발효

반죽을 손에 들고, 둥글게 뭉친다.

16에서 준비한 용기에 조심스럽게 넣는다.

30℃에서 3시간 발효시킨다.

발효 끝.

굽 기

면보를 살짝 들고 차거름망으로 덧가루를 뿌린다.

나무판에 오븐시트를 올리고, 용기를 뒤집어서 면보째로 반죽을 꺼낸다.

면보에 붙은 반죽을 스크레이퍼로 조심스럽게 떼면서, 면보를 벗겨낸다.

차거름망으로 덧가루를 반죽이 보이지 않을 정도로 듬뿍 뿌린다.

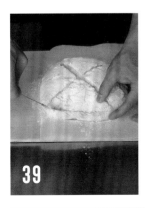

쿠프나이프로 열십자로 칼집을 내고, 바닥에서 2㎝ 높이에도 옆으로 1바퀴 둘러 칼집을 낸다.

250℃로 예열한 오븐에 나무판 위의 시트를 미끄러뜨리듯이 넣는다.

오븐 안쪽 벽에 분무기로 물을 15번 뿌린다. 230℃(스팀 있음)에서 10분, 250℃(스팀 없음)에서 10분 굽는다. 방향을 돌려 10~15분 더 굽는다.

르뱅 액종
파베

벽돌처럼 생겼지만 푹신하고 촉촉한 빵이다.
단호박 풍미 너머로 밀로 만든 사워종의 부드러운 신맛이 느껴진다.
너무 단단하게 굽지 말고 샌드위치로 만들면 좋다.

재료
6개 분량

		베이커스%
강력분(하루유타카 블렌드) ·············	80g	40
준강력분(타입ER) ·························	100g	50
＊ 가루종류는 비닐봉지에 넣는다.		
르뱅액종 p.93 ····························	44g	22
인스턴트 드라이이스트 ··················	0.6g	0.3
A		
해조소금 ···································	4g	2
꿀 ···	16g	8
우유 ·······································	100g	50
단호박 페이스트 ··························	80g	40
＊ 사용하기 바로 전에 따뜻하게 데운다.		
무염버터 ···································	20g	10
＊ 상온에 둔다.		

TOTAL	444.6g	222.3

덧가루(강력분) ······························· 적당량

과정

▼ **믹싱**
반죽완성온도 24℃

▼ **1차 발효**
30℃에서 30분 → 냉장고에서 하룻밤

▼ **분할, 성형**
가장자리를 잘라내고 6등분

▼ **최종 발효**
30℃에서 30분

● **굽기**
220℃(스팀 없음)에서 10~12분

POINT

신맛이 지나치게 강해지지 않도록 단시간에 확실히 발포하는 이스트를 같이 사용한다. 반죽이나 성형이 끝나면 '평평하게' 정리해서 기포가 고르게 생기도록 한다.

   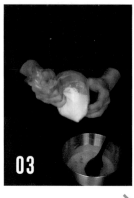

믹싱 ▶

볼에 A를 넣고, 고무주걱으로 골고루 섞는다.

르뱅액종을 넣고 섞는다.

가루종류를 넣은 비닐봉지에 인스턴트 드라이이스트를 넣고, 흔들어서 섞는다.

  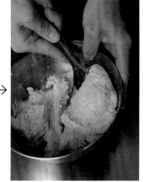 

02에 03을 넣는다.

가루가 보이지 않을 때까지, 고무주걱으로 볼 바닥부터 뒤집듯이 섞는다.

작업대에 꺼낸다.

 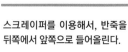   

스크레이퍼를 이용해서, 반죽을 뒤쪽에서 앞쪽으로 들어올린다.

반죽의 방향을 돌린다.

반죽을 든다.

작업대에 내려친다.

반으로 접는다. 07~11을 6번×2
세트 반복한다.

버터를 반죽에 올리고, 손으로 전체에 넓게 편다.

스크레이퍼를 이용해서 반으로
자른다.

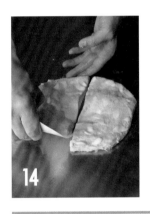

스크레이퍼로 반죽을 뒤쪽에서
들어올린다.

겹친다.

손으로 누른다.

반으로 자른다.

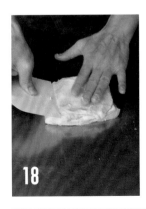

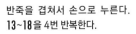

반죽을 겹쳐서 손으로 누른다.
13~18을 4번 반복한다.

스크레이퍼를 이용해서, 반죽을
뒤쪽에서 앞쪽으로 들어올린다.

반죽의 방향을 돌린다.

반죽을 들고 작업대에 내려친다.

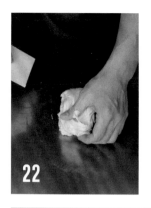

반죽완성온도 24℃

1차 발효 →

반으로 접는다. **19~22**를 6번× 3세트 반복한다.

용기에 넣는다.

손가락으로 평평하게 정리한다.

뚜껑을 덮고 30℃에서 30분 동 안 발효시킨다. 그런 다음 냉장고 에서 하룻밤 휴지시킨다.

분할·성형

발효 끝.

작업대에 덧가루를 살짝 뿌린다.

반죽 위에 덧가루를 살짝 뿌린다.

용기의 네 면에 스크레이퍼를 찔 러 넣는다.

→

용기를 뒤집어서 반죽을 작업대에 꺼낸다.

왼쪽에서 가운데로 반죽을 접고, 접은 부분을 누른다.

오른쪽에서 가운데로 반죽을 접 고, 접은 부분을 누른다.

큰 기포가 있으면 꺼뜨리면서 전체를 골고루 누른다.

앞쪽에서 가운데로 반죽을 접고, 접은 부분을 누른다.

뒤쪽에서 가운데로 반죽을 접고, 접은 부분을 누른다.

큰 기포가 있으면 꺼뜨리면서 전체를 골고루 누른다.

반죽에 덧가루를 살짝 뿌린다.

스크레이퍼로 들어올린다.

뒤집는다.

밀대로 밀어서 13×19㎝ 크기로 늘린다.

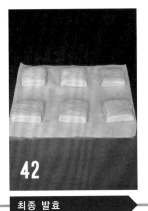

최종 발효

굽기

네 변을 잘라낸다.

가로로 2등분하고, 각각 3등분해서 6개로 나눈다.

오븐시트에 올리고, 30℃에서 30분 동안 발효시킨다.

나무판에 올리고, 250℃로 예열한 오븐에 넣는다. 220℃(스팀 없음)에서 10~12분 굽는다.

호밀사워종

호밀을 이용해 만든 발효종이다.
독일에서는 「자우어(Sauer, 신맛이 난다) 타이크(Teig, 반죽)」라고 부르며
글자 그대로 신맛이 나는 반죽을 말한다.

호밀사워종의 환경조건

① 장벽

장벽은 없다.

② 먹이(영양)

호밀의 전분이 먹이가 된다.

③ 온도

발포력 있는 효모균을 늘리기 위해 28℃로 설정한다.

④ pH

호밀에 있는 유산균을 늘리기 위해 약산성으로 설정한다.

⑤ 산소

산소를 차단해서 유산균과 효모균을 늘린다.

⑥ 삼투압

부패균이 늘어나면 소금을 1~2% 넣어 억제한다.

호밀사워종 만드는 방법

	1일차	2일차	3일차	4일차
굵은 통호밀가루	75g	70g	—	—
고운 통호밀가루	—	—	100g	100g
물	75g	70g	100g	100g
전날 만든 종	—	7g	10g	10g
발효시간	약 1일	약 1일	약 1일	약 1일

섞은 뒤 온도
26℃

발효온도
28℃

1일차

용기에 굵은 통호밀가루와 분량의 물을 넣고, 거품기로 골고루 섞는다.(섞은 뒤 온도 26℃) 28℃ 발효기에 넣는다. 1일차에는 냄새가 난다.

2일차

1일차 종에서 필요한 양을 꺼낸다. 다른 용기에 분량의 물과 1일차 종을 넣고, 거품기로 골고루 섞은 뒤 굵은 통호밀가루를 넣고 다시 섞는다.(섞은 뒤 온도 26℃) 28℃ 발효기에 넣는다. 2일차에도 아직 냄새가 난다

3일차

2일차 종에서 필요한 양을 꺼낸다. 다른 용기에 분량의 물과 2일차 종을 넣고, 거품기로 골고루 섞은 뒤 고운 통호밀가루를 넣고 다시 섞는다.(섞은 뒤 온도 26℃) 28℃ 발효기에 넣는다. 3일차에는 조금 부드러운 향이 난다

4일차

3일차 종에서 필요한 양을 꺼낸다. 다른 용기에 분량의 물과 3일차 종을 넣고, 거품기로 골고루 섞은 뒤 고운 통호밀가루를 넣고 다시 섞는다.(섞은 뒤 온도 26℃) 28℃ 발효기에 넣는다. 4일차에는 부드러운 신맛이 느껴진다. 이것으로 완성. 냉장고에 2일 동안 보관할 수 있다.

딩켈브로트

딩켈밀(고대밀) 특유의 담백한 밀의 맛과,
그에 지지 않는 호밀사워종의 신맛이 공존하는
호밀의 감칠맛과 풍미를 즐길 수 있는 빵이다.

재료
1개 분량

		베이커스%
딩켈밀 …………………………………………	160g	80
굵은 통호밀가루 …………………………………	20g	10

＊ 가루종류는 비닐봉지에 넣는다.

호밀사워종 p.107 ………………………………	40g	20
인스턴트 드라이이스트 …………………………	1.2g	0.6
해조소금 ……………………………………………	4g	2
물 ……………………………………………………	120g	60
익힌 파로 …………………………………………	100g	50

＊ 파로는 중간 크기의 딩켈밀이다. 냄비에 파로 40g과 뜨거운 물 60g을 넣어 불에 올리고, 끓으면 약불로 줄여 5분 정도 가열해서 익힌다. 그런 다음 알루미늄 포일을 덮고 한 김 식힌다. 상온에 둔다.

TOTAL	445.2g	222.6

덧가루(딩켈밀) ………………………………… 적당량

과정

▼ **믹싱**
반죽완성온도 27℃

▼ **성형**

▼ **최종 발효**
30℃에서 40분 정도

● **굽기**
230℃(스팀 있음)에서 10분
→ 250℃(스팀 없음)에서 20분 정도

POINT

1차 발효는 시키지 않고, 신맛이 강해지기 전에 굽는다. 그러기 위해 단시간에 확실히 발포하는 인스턴트 드라이이스트를 같이 사용한다.

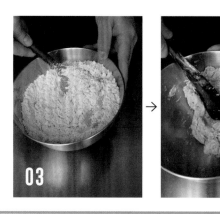

믹싱

가루종류를 넣은 비닐봉지에 인스턴트 드라이이스트를 넣고, 흔들어 섞는다.

볼에 나머지 재료를 넣고, **01**을 넣는다.

가루가 보이지 않을 때까지, 고무주걱으로 바닥부터 뒤집듯이 섞는다.

작업대에 꺼내고, 스크레이퍼를 이용해서 뒤쪽에서 앞쪽으로 들어올린다.

반죽의 방향을 돌린다.

손으로 든다.

작업대에 내려친다.

반으로 접는다.

스크레이퍼를 이용해서, 반죽을 뒤쪽에서 앞쪽으로 들어올린다.

반죽의 방향을 돌리고, 손으로 들어 작업대에 내려친다.

반으로 접는다.

스크레이퍼를 이용해서, 반죽을 뒤쪽에서 앞쪽으로 들어올린다.	반죽의 방향을 돌리고, 손으로 들어올린다.	작업대에 내려친다.	반으로 접는다.

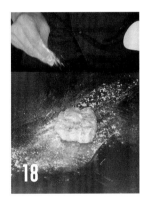

반죽완성온도 27℃

성형 ▶

04~15를 2번×3세트 반복한다.	작업대에 덧가루를 뿌린다.	이음매가 위로 가게 놓고, 반죽에도 덧가루를 뿌린다.	손으로 누른다.

지름 15㎝ 정도로 늘린다.	앞쪽에서 뒤쪽으로, 반죽의 1/3을 접는다.	접은 끝부분을 손바닥 끝으로 눌러준다.	뒤쪽에서 앞쪽으로 1/3을 접는다.

24

접은 끝부분을 손바닥 끝으로 눌러준다.

25

엄지손가락으로 가운데를 누르며, 뒤쪽에서 앞쪽으로 반 접는다.

26

접은 끝부분을 손바닥 끝으로 눌러준다.

27

작업대에 덧가루를 듬뿍 뿌린다.

28

덧가루 위로 반죽을 굴려서 듬뿍 묻힌다.

29

이음매가 아래로 가게 놓는다.

30

오븐시트에 올린다.

31

▶ **최종 발효**

30℃에서 40분 정도 발효시킨다.

발효 끝.

32

▶ **굽기**

차거름망으로 덧가루를 듬뿍 뿌린다.

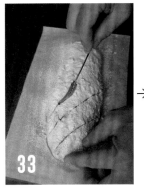 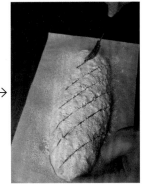 

쿠프나이프로 6개의 칼집을 어슷하게 낸다.

반죽을 나무판에 올리고, 250℃로 예열한 오븐에 미끄러뜨리듯이 넣는다. 오븐 안쪽 벽에 분무기로 물을 12번 뿌린다. 230℃(스팀 있음)에서 10분 굽고, 방향을 돌려 250℃(스팀 없음)에서 20분 정도 굽는다.

딩켈밀에 대하여

독일어로 「딩켈(Dinkel)」, 영어로 「스펠트(Spelt)」, 프랑스어로 「에포트르(Épeautre)」, 스위스어로 「스펠츠(Spelz)」, 이탈리아어로 「파로(Farro)」라고 부르는 고대밀이다.

단, 이탈리아어인 「파로」는 껍질이 붙은 밀 전체를 가리키는 말이므로, 고대밀 중 「엠머밀」 등도 포함된다. 즉, 「엠머밀」도 「스펠트밀」도 고대밀이지만 계통이 다르며, 「엠머밀」은 이립계 밀이고 「스펠트밀」은 보통계 밀(빵밀)에 해당한다.

고대밀은 껍질이 두껍고 기후변화나 토양조건에 강하기 때문에 품종개량이 필요 없으며, 화학비료, 제초제나 살충제 등 농약을 거의 사용하지 않고 재배할 수 있다. 따라서 유기농을 원하는 사람에게 알맞은 밀이다. 품종개량이 이루어지지 않은 이 고대밀은 알레르기를 잘 일으키지 않는 밀이기도 하다. 하지만 밀 알레르기를 가진 모든 사람들에게 안전한 것은 아니므로, 알레르기가 있다면 먹기 전에 의사와 상담하는 것이 좋다.

껍질이 단단해서 제분하기 힘들며 글루텐 골격도 그다지 강하지 않지만, 영양가가 높아 건강을 중시하는 사람들에게 많은 사랑을 받고 있는 밀이다. 이 책에서는 굳이 「스펠트밀」이라고 부르지 않고, 옛날부터 독일에서 사용해온 대로 「딩켈밀」이라고 부른다.

호밀사워종
프뤼히테브로트

묵직하고 달지 않은 과일빵.
과일과 호밀이 빚어내는 신맛을 즐길 수 있다.
얇게 썰어서 프레시 치즈와 함께 먹으면 좋다.

재료
원로프 식빵틀 1개 분량

중종

		베이커스%
고운 통호밀가루 ·················	60g	20
호밀사워종 p.107 ···············	30g	10
물 ·······························	45g	15
TOTAL	135g	45

본반죽

		베이커스%
강력분(하루유타카 블렌드) ·······	180g	60
고운 통호밀가루 ·················	60g	20

* 가루종류는 비닐봉지에 넣는다.

중종(위 참조) ····················	135g	45
해조소금 ·························	6g	2
물 ·······························	180g	60
과일양주절임 ·····················	180g	60

* 보관용기에 오렌지필 60g, 레몬필 30g, 말린 블루베리 60g, 쿠앵트로 30g 을 넣고, 2~3일 동안 절인다.

TOTAL	741g	247

덧가루(강력분) ······················· 적당량

과정

▼ **중종**
섞은 뒤 온도 27~28℃
30℃에서 3~5시간 발효

▼ **본반죽**

▼ **믹싱**
반죽완성온도 27℃

▼ **성형**

▼ **최종 발효**
30℃에서 3시간 정도

● **굽기**
230℃(스팀 있음)에서 15분
→ 250℃(스팀 없음)에서 35~40분

POINT

신맛이 강한 호밀사워종에 호밀가루와 물을 넣고 발효시켜서, 신맛을 줄이고 기포가 잘 생기게 만든다.

중종을 만든다

섞기

보관용 병에 물과 호밀사워종을 넣고, 밀가루를 넣는다.

섞은 뒤 온도 27~28℃

가루가 보이지 않을 때까지, 고무주걱으로 골고루 섞는다.

발효

표면을 평평하게 정리한 뒤, 뚜껑을 덮고 30℃에서 3~5시간 발효시킨다.

발효 끝.

본반죽을 만든다

  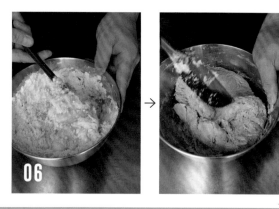

믹싱

볼에 물과 소금을 넣고, 고무주걱으로 섞은 뒤 중종을 넣는다.

가루종류를 넣는다.

가루가 보이지 않을 때까지, 고무주걱으로 바닥부터 뒤집듯이 섞는다.

작업대에 덧가루를 듬뿍 뿌린다.

반죽을 꺼낸다.

스크레이퍼로 겉반죽 150g을 잘라낸다.

작업대에 덧가루를 뿌린 뒤, **09**에서 남겨둔 속반죽을 놓고 과일 양주절임을 올린다.

손으로 누르면서 과일절임을 전체에 넓게 편다.

반으로 자른다.

겹쳐서 손으로 누른다.

반죽완성온도 27℃　**성형**

반으로 자른다.

겹쳐서 손으로 누른다.

12~15를 4번 반복한다.

작업대에 덧가루를 듬뿍 뿌린다.

16의 반죽을 올린다.

손으로 눌러서 평평하게 편다.

왼쪽에서 오른쪽으로 1/3을 접고, 손으로 누른다.

반죽의 방향을 돌린다.

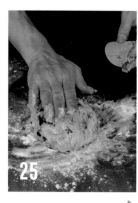

왼쪽에서 오른쪽으로 1/3을 접고, 손으로 누른다.

20~22를 4번 반복한다.

반죽을 손에 들고, 둥글게 뭉친다.

이음매가 아래로 가도록 작업대에 놓는다.

다시 덧가루를 뿌리고, 손으로 굴려서 길이 15㎝ 원통모양으로 만든다.

작업대에 덧가루를 듬뿍 뿌린다.

09에서 잘라둔 겉반죽을 작업대에 올리고, 덧가루를 뿌린다.

손바닥 끝으로 눌러서 15㎝ 길이로 늘린다.

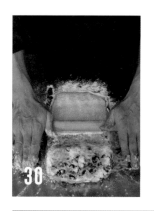

밀대로 밀어서 15×20㎝ 크기로 늘린다.

26의 속반죽에 묻어 있는 덧가루를 턴다.

이음매가 아래로 가도록 30의 겉반죽 앞쪽에 올린다.

겉반죽으로 속반죽을 만다.

양끝의 반죽을 당겨서 붙인다.

최종 발효

굽기

이음매가 아래로 가도록 틀에 넣는다.

손가락 4개로 눌러서 표면을 평평하게 정리한다.

30℃에서 3시간 정도 발효시킨다.

차거름망으로 고운 통호밀가루 (분량 외)를 뿌린다.

쿠프나이프로 가운데에 5~8㎜ 깊이의 칼집을 1개 낸다.

250℃로 예열한 오븐에 넣고, 오븐 안쪽 벽에 분무기로 물을 15번 뿌린다. 230℃(스팀 있음)에서 15분 굽고, 방향을 돌려 250℃(스팀 없음)에서 35~40분 굽는다.

홉종

원래 영국에서 사용하던 발효종이다.
이 책에서는 쌀누룩을 넣어 변화를 준 홉종을 사용한다.
맥주로 친숙한 홉의 향과 쌀누룩이 빚어내는 단맛이 잘 어울린다.

홉종의 환경조건

① 장벽

홉 졸임액의 항균효과로 부패균이 증식하기 어려운 편이다.

② 먹이(영양)

밀전분, 감자전분, 사과 속 과당, 쌀누룩, 사탕수수설탕이 먹이가 된다.

③ 온도

발포력 있는 효모균을 늘리기 위해 27~28℃로 설정한다.

④ pH

간 사과를 넣어 약산성 스타터가 되므로 발효종균이 증식하기 쉽다.

⑤ 산소

산소를 공급해 이산화탄소를 많이 발생시킨다.

⑥ 삼투압

따로 고려하지 않는다.

홉종과 사워종의 차이

홉종은 기본적으로 사워종과 같지만, 주종의 발효 방식이 더해져 모든 재료를 액체 속에 넣고 작업한다는 점이 다르다.
「홉 졸임액+뜨거운 홉 졸임액으로 반죽한 밀가루+매시트포테이토+간 사과(+설탕)+쌀누룩」. 이렇게 시작해서 사워종과 마찬가지로 발효와 스크리닝을 반복한다. 액체이기 때문에 표면과 바닥의 밀도가 다르므로, 잘 섞은 액체를 사용하여 스크리닝한다. 발효종균의 「양」을 스크리닝으로 조절하는 것이 사워종과 다른 점이다.
처음에는 많은 양으로 시작해서 점점 양이 줄어들지만 발포력은 높아진다. 이것이 완성을 알리는 신호이다. 단, 액체라서 미생물이 활발하게 활동하기 쉬우므로, 부패균이 늘어나지 않도록 pH를 잘 관리하는 것이 중요하다. 최종 기준은 pH3.8~4.0이다.

홉종의 재료

뜨거운 홉 졸임액으로 반죽한 밀가루

밀가루 속 전분이 먹이가 된다. 미생물이 잘 모이도록 반죽한
다. 홉 졸임액에 포함된 성분은 항균작용과 향 효과가 있다.

간 사과

pH를 조금 산성으로 만들기 위해 사용한다. 전분에서 유래된
당 외에 과당이나 자당도 첨가한다. 경우에 따라서는 설탕도
넣는다.

매시트포테이토

감자 속 전분이 먹이가 된다. 잘 확산되는 먹이로 사용한다.

쌀누룩

효모균이 붙어있을 가능성이 있으므로, 효모균을 늘리고 누
룩곰팡이균에 의한 전분분해를 촉진하기 위해 사용한다.

홉 졸임액 만드는 방법

밀가루를 넣는 3일차까지는 뜨거운 홉 졸임액을 사용한다. α
화시킨 전분은 좋은 먹이가 되므로 효모균이 잘 붙는다. 홉 졸
임액은 작은 냄비에 홉 열매 4g과 물 200g을 넣어 끓이고,
양이 반 정도가 될 때까지(5분 정도) 약불로 졸여서 만든다.

홉종 만드는 방법

	1일차	2일차	3일차	4일차	5일차
홉 졸임액	40g	25g	12.5g	12.5g	12.5g
강력분(하루요코이)	30g	20g	10g	-	-
매시트포테이토	75g	37.5g	37.5g	37.5g	37.5g
간 사과	10g	7.5g	5g	5g	5g
물	95g	80g	120g	150g	150g
쌀누룩	2.5g	2.5g	2.5g	2.5g	2.5g
사탕수수설탕	-	2.5g	2.5g	2.5g	2.5g
전날 만든 종	-	75g	62.5g	50g	45g

1일차 작업

01 볼에 밀가루와 뜨거운 홉 졸임액을 넣는다.

02 고무주걱으로 골고루 섞고, 한 김 식을 때까지 상온에 둔다.

03 다른 볼에 매시트포테이토, 껍질을 벗겨서 간 사과, 분량의 물을 넣고 거품기로 골고루 섞는다.

04 03에 02를 넣고 고무주걱으로 골고루 섞어준다.

05 04에 쌀누룩을 덩어리지지 않게 풀어서 넣고 골고루 섞는다.(섞은 뒤 온도 27℃)

06 보관용 병에 담아서 28℃ 발효기에 넣는다. 6시간마다 섞어준다.

1일차에는 기포가 살짝 보이지만 냄새가 많이 난다.

p.122와 같은 방법으로 작업한다. 단, 03에 사탕수수설탕을 넣고 섞는다. 전날 만든 종은 잘 섞어서 차거름망에 내리고, 05의 마지막에 넣는다.(섞은 뒤 온도 27℃) 6시간마다 섞어준다. 2일차에는 1일차보다 기포가 조금 늘어나지만, 아직 냄새가 난다.

2일차와 같은 방법으로 작업한다. 3일차에는 2일차보다 기포가 더 늘어나지만, 냄새는 약해진다.

p.122와 같은 방법으로 작업한다. 단, 01은 생략하고, 02 대신 상온에 둔 홉 졸임액에 사탕수수설탕을 넣고 섞는다. 전날 만든 종은 잘 섞어서 차거름망에 내리고, 05의 마지막에 넣는다.(섞은 뒤 온도 27℃) 6시간마다 섞어준다. 4일차에는 3일차보다 고운 기포가 생기고, 알코올 냄새와 신맛이 느껴진다.

4일차와 같은 방법으로 작업한다. 기포는 4일차와 같거나 조금 늘어난다. 알코올 냄새와 신맛은 약해지고, 홉과 쌀누룩이 잘 어우러진 향이 난다. 이것으로 완성이다. 여기서는 5일차에 완성했지만, 4일차에 완성하는 경우도 있고 6일차에 완성하는 경우도 있다. 완성한 뒤 냉장고에 1~2일 동안 보관할 수 있다.

홉 종
원로프 식빵

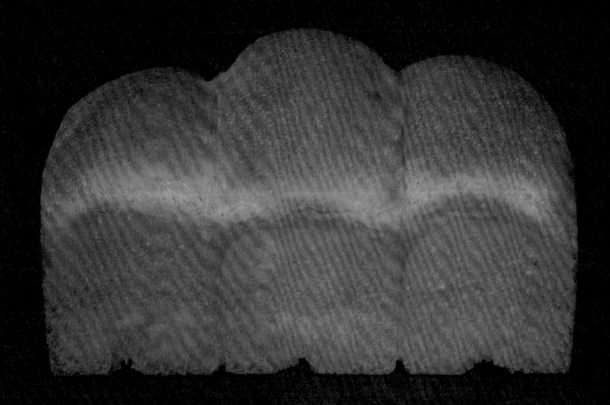

쌀누룩을 넣어서 만든 홉종을 사용한다.
밀과 궁합이 좋은 홉의 향, 쌀누룩의 은은한 단맛과 함께
쫄깃한 식감을 즐길 수 있다.

재료
원로프 식빵틀 1개 분량

		베이커스%
강력분(하루유타카 블렌드)	200g	80
강력분(기타노카오리100)	50g	20
* 가루종류는 비닐봉지에 넣는다.		
홉종 p.123	50g	20
A		
해조소금	4.5g	1.8
사탕수수설탕	12.5g	5
물	150g	60
TOTAL	**467g**	**186.8**

덧가루(강력분) ·············· 적당량

과정

▼ **믹싱**
반죽완성온도 23℃

▼ **1차 발효**
28℃에서 5~6시간

▼ **분할 · 둥글리기**
3등분

▼ **휴지**
상온에서 10분

▼ **성형**

▼ **최종 발효**
32℃에서 2시간 정도

● **굽기**
210℃(스팀 없음)에서 15분
→ 210℃(스팀 없음)에서 3분

POINT

반죽의 온도를 낮추지 않고, 발포력이 강한 효모를 우선적으로 발효시킨다. 온도가 높으면 폭신한 식감이 된다.

01

02

03

04

→

믹싱

볼에 A를 넣고 흡종을 넣는다.

고무주걱으로 골고루 섞는다.

가루종류를 넣는다.

가루가 보이지 않을 때까지, 고무 주걱으로 볼 바닥부터 뒤집듯이 섞는다.

05

06

07

작업대에 꺼낸다.

스크레이퍼를 이용해서, 반죽을 뒤쪽에서 앞쪽으로 들어올린다.

반죽의 방향을 돌린다.

08

09

10

11

반죽완성온도 23℃

손으로 든다.

작업대에 내려친다.

반으로 접고 30초 휴지시킨다.

06~10을 6번×8세트 반복한다.

 →

1차 발효

용기에 넣고 뚜껑을 덮는다.
28℃에서 5~6시간 발효시킨다.

발효 끝.

분할 · 둥글리기

작업대에 덧가루를 조금 많이 뿌린다.

반죽에 덧가루를 조금 많이 뿌린다.

용기의 네 면에 스크레이퍼를 찔러 넣는다.

용기를 뒤집어서 반죽을 작업대에 꺼낸다.

스크레이퍼로 반죽을 3등분하고, 무게를 재서 같은 양으로 만든다.

반죽 좌우를 가운데로 접는다.

앞쪽 양 모서리를 안쪽으로 접는다.

앞쪽을 가운데로 접는다.

뒤쪽도 같은 방법으로 가운데로 접는다.

이음매를 손가락으로 눌러서 붙인다.

23

24

휴지

→

25

성형

이음매가 아래로 가게 놓는다. 나머지 반죽 2개도 **18~23**과 같은 방법으로 작업한다.

젖은 면보를 덮고 상온에 10분 동안 둔다.

휴지 끝.

작업대에 덧가루를 살짝 뿌린다.

26

27

28

29

반죽 이음매가 위로 가게 놓는다.

오른손으로 왼쪽 앞 모서리를 잡고, 왼손으로 오른쪽 앞 모서리를 잡는다.

엇갈린 손을 풀어 반죽을 비튼다.

반죽 앞쪽을 잡고 가운데로 접는다.

30

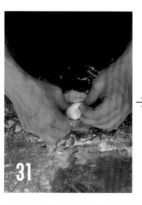

31

→

32

왼손으로 오른쪽 뒤 모서리를, 오른손으로 왼쪽 뒤 모서리를 잡고, 엇갈린 손을 풀어 반죽을 비튼다.

반죽 뒤쪽을 잡고 가운데로 접는다.

접은 끝부분을 손가락으로 눌러 준다.

33

34

35

반죽의 방향을 돌린다.

반죽 뒤쪽을 잡고 앞쪽으로 1/3을 접는다.

앞쪽에서 뒤쪽으로 접는다.

36

37

38

최종 발효

이음매를 반죽 아래쪽으로 넣는다.

이음매가 아래로 가게 놓고, 원통 모양으로 정리한다. 나머지 반죽 2개도 **27~37**과 같은 방법으로 작업한다.

틀에 반죽 3개를 넣고, 32℃에서 2시간 정도 발효시킨다.

39

굽기

발효 끝. 반죽 윗면이 틀에서 벗어나기 직전에 마무리한다.

210℃로 예열한 오븐에서 스팀 없이 15분 굽고, 방향을 돌려서 3분 더 굽는다.

빵의 단면으로 알 수 있는 것

완성된 빵의 단면을 보면 빵의 여러 가지 특징이 한눈에 보인다.
기포의 크기나 흩어진 상태, 반죽의 부푼 정도와 촘촘한 정도 등을 비교해보자.

과일종(fresh)
세글

→ 만드는 방법은 p.40~45 참조

원래 내층에 큰 기포가 잘 생기지 않는 빵이다. 그런데 분할·둥글리기 중에 비틀기를 해서 바게트처럼 크고 작은 기포가 생겼다.

과일종(dry)
멜랑제

→ 만드는 방법은 p.46~51 참조

멜랑제는 과일종을 액체 상태로 사용하기 때문에 골격이 약하다. 그러나 무너질 듯 말 듯한 내층으로 듬뿍 넣은 과일, 견과류와 밸런스를 맞춰 반죽의 무게감을 살렸다. 겉반죽을 부드럽고 얇게 폈다는 것 또한 알 수 있다.

주종(술지게미)
모찌빵(치아바타풍)

→ 만드는 방법은 p.54~59 참조

물을 많이 배합한 모찌빵 반죽에 술지게미로 만든 주종을 사용하면, 전분 분해효소가 많아서 단맛이 나지만 그만큼 반죽이 묽어져서 찌그러지기 쉽다. 펀치로 비틀어 올린 골격이 쿠프쪽으로 크게 늘어난 것을 알 수 있다.

주종(쌀누룩)
허니크림

→ 만드는 방법은 p.60~65 참조

분할·둥글리기 중에 비틀어 접은 가운데 부분이, 찌그러지지 않고 늘어나 넓게 퍼진 것을 알 수 있다.

요구르트종(밀가루 포함)
발효과자

→ 만드는 방법은 p.68~73 참조

내층을 퍼석거리지 않고 오래 보관할 수 있게 만들었다. 빵이라고 하지만 내층이 촘촘하고 촉촉한 쿠키에 가까워 보인다.

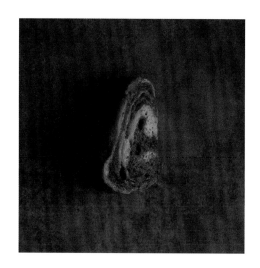

요구르트종(밀가루 포함)
쿠글로프

→ 만드는 방법은 p.74~79 참조

쿠글로프틀의 특징을 이용하여 사진처럼 아래쪽으로 늘어난 빵이 되었다. 또한 마블모양을 보면 성형할 때 바깥쪽 플레인 반죽과 안쪽 코코아 반죽이 강하게 뒤얽혔음을 알 수 있다.

르뱅액종
캉파뉴

→ 만드는 방법은 p.94~99 참조

큰 기포는 아니지만 빵 전체에 기포가 꺼지지 않고 고르게 퍼져있다. 쿠프를 날카롭지 않게 넣어서, 반죽이 오븐 안에서 전체적으로 고르게 늘어난 것을 알 수 있다.

르뱅액종
파베

→ 만드는 방법은 p.100~105 참조

조금 옆으로 퍼진 기포에서, 성형할 때 접어서 겹친 반죽의 층이 보인다. 단호박 페이스트를 많이 넣어서, 내층이 잘 찌그러지지 않게 막았다.

호밀사워종
딩켈브로트

→ 만드는 방법은 p.108~113 참조

전처리한 딩켈밀을 사용해서 쫄깃한 빵이 되었다. 성형할 때 반죽의 방향을 돌리면서 여러 번 접기 때문에, 가운데에서 바깥쪽으로 갈수록 기포가 커진다. 호밀사워종에 더해 짧은 시간에 확실히 부풀어 오르는 인스턴트 드라이이스트가 제대로 작용했음을 알 수 있다.

호밀사워종
프뤼히테브로트

→ 만드는 방법은 p.114~119 참조

원래 골격이 약한 반죽인데, 호밀사워종을 중종(원종)으로 바꾸어 발포력이 조금 강해졌다. 기포가 작아서 찌그러지기 쉽지만, 성형한 다음 틀에 넣어 기포가 찌그러지지 않았다.

홉종
원로프 식빵

→ 만드는 방법은 p.124~129 참조

주종에도 사용되는 쌀누룩을 조금 넣었지만, 홉종의 발포력은 주종보다 조금 약하다. 그러나 전분분해효소 덕분에 단맛이 조금 많아지고, 촉촉하고 산뜻한 느낌의 빵이 되었다.

도구와 재료

프로에 가깝게 빵을 만들기 위해서는 전문적인 도구도 필요하지만,
대부분은 평소에 사용하는 도구로 충분하다.
여기서는 갖춰두면 편리한 기본 도구와
이 책에서 주로 사용한 재료들을 소개한다.

전기 도구

발효기

반죽을 발효시킬 때 사용한다. 하단에
접시가 있어서, 찬물(또는 따뜻한 물)을
담아서 넣어두면 반죽 표면이 마르지 않
게 습도가 유지된다. 접이식이므로 작게
정리하여 수납할 수 있다.

「씻어서 접을 수 있는 발효기 PF102」
가로 43.4×세로 34.8×높이 36cm(내부)
〈일본 니더(Kneader) 제품〉

냉온장고

5~60℃까지 온도설정이 가능하다. 반
죽을 발효시킬 때 사용한다. 발효기보다
는 설정온도에 오차가 생기기 쉽지만,
반죽을 오랫동안 휴지시킬 때 어둡고 서
늘한 곳에 보관할 수 있어 편리하다.

「휴대용 냉온장고 MSO-R1020」
가로 24.5×세로 20×높이 34cm(내부)
〈마사오 코퍼레이션(Masao Corporation) 수입〉

전기오븐

과열수증기 기능이 있는 제품이 좋다.
스팀 유무를 조절하여 사용할 수 있어서
편리하다. 가스오븐을 사용해도 좋지만
굽는 온도와 시간이 다소 달라질 수 있
다. 이 책에서는 전기오븐을 사용한다.

소도구

보관용기
종을 발효·보관할 때 사용한다. 안이 잘 보이는 유리재질의 제품이 좋다. 반투명 밀폐용기를 사용해도 좋다.

pH 측정기
종을 만들 때 pH를 측정한다.

디지털 스푼 저울
스푼타입의 저울. 적은 양의 이스트를 계량할 때 편리하다.

저울
0.1g까지 잴 수 있는 것으로, 밀가루 등을 계량할 때 사용한다.

식품온도계
반죽완성온도를 잴 때 반죽 속에 넣고 잴 수 있다.

방사온도계
반죽에 직접 대지 않아도 온도를 잴 수 있다. 반죽완성온도나 발효온도를 확인할 때 사용한다.

밀폐용기
반죽을 발효시킬 때 사용한다. 반투명 제품이 좋다.

면보
성글게 짠 면보. 캉파뉴(p.94)를 만들 때 사용한다.

볼
재료를 섞거나 반죽할 때 사용한다

고무주걱
재료를 섞을 때 사용한다.

미니거품기
적은 양의 액체를 섞을 때 사용한다.

스크레이퍼
반죽을 뜨고, 모으고, 자를 때 사용한다.

나무판
반죽을 늘리고, 분할하고, 성형할 때 사용한다.

밀대
반죽을 늘릴 때 사용한다.

솔
기름이나 달걀물 등을 바를 때 사용한다.

차거름망
마무리로 덧가루 등을 뿌릴 때 사용한다.

쿠프나이프
칼집을 낼 때 사용한다.

오븐시트
오븐팬에 반죽을 올려서 구울 때 깐다.

식힘망
구운 빵을 식힐 때 사용한다.

분무기
구울 때 오븐 안쪽 벽에 물을 뿌린다.

틀

원로프 식빵틀
내부 크기는 20×8×8㎝. 프뤼히테브로트(p.114), 원로프 식빵(p.124)을 만들 때 사용한다.

파운드틀
내부 크기는 20×5.5×5.5㎝. 멜랑제(p.46), 허니크림(p.60)을 만들 때 사용한다.

쿠글로프틀
지름 12×높이 7㎝의 도자기 재질 틀(MATFER사). 쿠글로프(p.74)를 만들 때 사용한다.

밀가루

Ⓐ 통밀가루, Ⓑ 밀가루, Ⓒ 딩켈밀(스펠트밀), Ⓓ 굵은 통호밀가루, Ⓔ 고운 통호밀가루.

만들고 싶은 종이나 빵에 맞게 구분해서 사용한다.

인스턴트 드라이이스트

그대로 사용할 수 있어 편리하며, 발효력이 안정적이다. 이 책에서는 프랑스 르사프르사의 사프이스트(빨강)를 사용한다.

소금

미네랄이 풍부한 자연산 소금이 좋다. 이 책에서는 「아마비토노모시오(가마가리물산)」를 사용한다.

당류

잘 녹는 과립이나 액체타입을 사용한다. 빵에 알맞은 것을 선택한다.

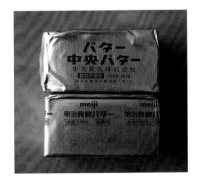

버터

염분의 농도를 조절하지 않아도 되는 무염버터를 사용한다. 풍미가 좋은 발효버터도 좋다.

유제품

생크림은 유지방 35% 제품을 사용한다. 요구르트는 플레인 타입. 우유는 성분 무조정 제품을 사용한다.

몰트

물에 잘 녹는 시럽타입의 몰트. 효모를 빨리 활성화시켜 밀가루 속 전분을 분해한다.

완성된 종을 보관하는 방법

발포력이 강한 빵효모(이스트)로 만든 발효종은, 완성하자마자 냉장고에 넣어서 4℃로 온도를 낮추고 더 이상 증식하지 않게 보관한다. 만약 온도가 너무 낮아 반죽이 얼면, 물이 얼음이 되면서 부피가 늘어나기 때문에 효모균이 손상되고 일부는 사멸할 가능성이 있다. 온도를 급격하게 많이 낮추면 사멸할 가능성은 더욱 커진다.

또한 보관기간이 길어지면 효모균의 활성이 떨어지고, 효모균이 아닌 미생물의 활동으로 신맛이 생길 위험성이 있으므로 24~48시간 안에 모두 사용한다. 만약 냉동한다면, 발효종을 냉장고에 넣어 완전히 식힌 다음 급속냉동한다. 그래도 효모균 일부는 사멸하기 때문에, 발포력을 원한다면 본반죽에 넣는 효모의 양을 조금 늘릴 필요가 있다.

발포력이 약하고 신맛이 나는 발효종은 여러 미생물의 균형을 유지하는 것이 최우선이므로, 미생물이 사멸하기 쉬운 냉동보관은 금물이다. pH나 냄새를 확인하면서 온도를 천천히 4℃로 낮추고, 신맛이 강해지면 리프레시(유산균이 지나치게 늘어난 종을 조금 꺼내서 밀가루와 물로 희석하는 것. 이렇게 하면 미생물이 활발해진다)를 하는데, 신맛의 강도는 개인의 취향에 따라 결정한다.

리프레시하는 시기를 늦추고 싶다면 소금 1~2%를 넣는 방법과 수분활성을 낮추는 방법이 있다. 수분활성을 낮추는 방법은 2가지가 있다.

첫 번째는 종 잇기를 할 때 밀가루를 많이 넣어서 '매우 단단한 종'을 만드는 방법이다. '매우 단단한 종'을 잘 찢어지지 않는 비닐봉지에 넣고 면보로 감싼 뒤 끈으로 묶는다.(사진) 이렇게 묶는 이유는 '매우 단단한 종'이라도 미생물이 살아있어서, 발효가 조금씩 진행되어 부풀어오르기 때문이다. 그러면 미생물이 활동하게 되므로, 단단히 고정해야 한다.

두 번째는 '매우 단단한 종'이 아니라 '보슬보슬한 정도의 종'을 만드는 방법이다. 종 잇기를 할 때 밀가루를 넣고, 체에 곱게 내려서 건조시킨다. 이렇게 하면 '매우 단단한 종'보다 더 오래 보관할 수 있다. 또한 건포도종이나 주종 등 액체 발효종을 보관할 때는 산소 공급을 차단하면 유산균과 효모균이 우위인 환경을 유지할 수 있으므로, 액체 표면과 용기 뚜껑 사이에 빈틈이 생기지 않게 덮은 다음 냉장보관한다.

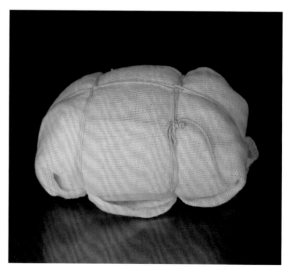

빵 만들기에 필요한 Q&A

Q. 과일종을 만들 때 사용하는 과일로 적합하지 않은 것이 있나요?

A. 기본적으로 과일은 대부분 산성이기 때문에 종을 만들 수 있다. 단, 종을 만들 수는 있어도 단백질 분해효소를 많이 함유한 파인애플, 키위, 망고, 파파야, 멜론, 배, 아보카도 등으로 만든 과일종을 반죽에 넣으면, 시간이 지날수록 모처럼 반죽해서 만든 글루텐이 풀어지고 찌그러진 빵이 될 위험이 있다. 따라서 이 과일들은 피하는 것이 좋다.

Q. 주종(쌀누룩)을 만들 때(p.53 참조) 밥 말고도 쌀을 더 넣는 이유는 무엇인가요?

A. 쌀 주위에 붙어있을지도 모르는 발효종균을 증식시키고 싶기 때문이다. 쌀로 만든 발효종균이 증식하면 감칠맛과 풍미가 크게 좋아진다.

Q. 일본풍 감주인 아마자케는 발효종으로 사용할 수 없나요?

A. 누룩과 밥을 섞어서 60℃로 유지하면, 효소가 활발해지고 밥의 전분이 분해되며 아마자케가 완성된다. 그런데 효모균을 포함한 발효종균은 사멸한다. 따라서 아마자케는 단맛이나 감칠맛을 내는 조미료로는 사용할 수 있지만, 발효종으로는 사용할 수 없다.

Q. 주종으로 종 잇기를 할 때 현미를 사용해도 되나요?

A. 사용할 수 있지만, 탈곡하지 않은 현미는 껍질에 싸여 있어서 그 속의 전분을 먹이로 삼기 어렵다. 따라서 오분도 등과 같이 쌀겨층을 어느 정도 벗겨낸 것을 사용해야 한다.

Q. 주종으로 종 잇기를 할 때 냉동밥을 사용해도 되나요?

A. 물론 사용할 수 있지만, 전자레인지 등으로 60℃ 이상이 되게 데워 전분을 α화해서 사용해야 한다. α화하면 전분에 틈이 생겨서, 수분이 많이 들어가 효소가 활동하기 쉬워진다. 된밥보다 진밥이 소화가 잘되는 것과 마찬가지이다.

Q. 르뱅종을 만들 때(p.93 참조) 통밀가루가 아니라 통호밀가루를 사용하는 이유는 무엇인가요?

A. 통밀가루로도 만들 수는 있지만, 경험에 의하면 통호밀가루가 발효종균을 초기 단계에서 증식시키기 때문에 통호밀가루를 사용한다.

Q. 호밀사워종을 만들 때(p.107 참조) 굵은 통호밀가루와 고운 통호밀가루를 구분해서 사용하는 이유는 무엇인가요?

A. 고운 통호밀가루는 여러 번 갈았기 때문에 굵은 통호밀가루보다 마찰열에 의한 손상이 많다. 종을 만들 때는 되도록 호밀에 붙어있는 미생물이 많은 쪽이 좋으므로, 처음에는 굵은 가루를 사용한다. 그러나 그만큼 신맛이 강한 호밀사워종이 되므로, 후반에 고운 가루를 사용하여 부드러운 향과 신맛으로 완성한다.

Q. 종을 만들 때, 28℃에서 며칠씩 유지시키기 어려운 경우 상온에서 관리해도 되나요?

A. 괜찮지만 상온을 안정되게 유지하는 것이 중요하다. 불안정한 경우 자연 발포력이나 신맛, 감칠맛 등의 균형이 깨지므로 주의한다. 일반적으로 낮은 온도에서 관리하면 신맛이 강해지는 경향이 있다. 다양한 발효종 만들기에 도전할 경우 냉온장고를 갖춰두면 온도를 안정적으로 관리할 수 있다.

Q. 완성된 발효종은 얼마나 오래 이어서 사용할 수 있나요?

A. 정기적으로 종 잇기를 하면, 언제까지나 이어서 사용할 수 있다. 그러나 종 잇기를 할 경우 신맛의 강도, 감칠맛, 발포력 등을 안정시키려면 온도나 pH 등도 관리해야 한다. 시간에만 얽매이지 말고, 오감을 사용하여 취향에 맞는 종을 만들어보자.

Q. 시큼해진 종은 더 이상 사용할 수 없나요?

A. 사용할 수는 있지만, 리프레시(유산균이 지나치게 늘어난 종을 조금 꺼내 밀가루와 물로 희석하는 것. 이렇게 하면 미생물이 활발해진다)하는 것이 좋다. 리프레시한 다음에는 평소보다 빨리 체크해서, 신맛이 강해지면 바로 다시 리프레시한다. 신맛이 강한 채로 냉장보관하지 않도록 주의한다.

Q. 여행 등으로 집을 비울 때, 완성된 종을 며칠 정도 방치해도 괜찮나요?

A. 발효종에 따라 다르지만, 3~4일은 냉장고에 보관할 수 있다. 그 이상 보관할 경우에는, 빵을 만들기 2~3일 전에 리프레시(p.140)한 다음 사용하는 것이 좋다.

Q. 냉장고에 낫토가 있는데, 발효종과 함께 두어도 괜찮나요?

A. 낫토균은 매우 강해서 발효종균을 사멸시킨다고 알려져 있지만, 밀폐용기에 넣어두면 크게 걱정하지 않아도 된다. 다만, 밀폐용기 주변에 낫토균이 붙어있을 가능성이 있으므로, 뚜껑을 열기 전에 용기 전체를 흐르는 물에 씻는 것이 좋다.

Q. 발효종을 냉동보관해도 되나요?

A. 냉동보관은 피하는 것이 좋다. 물을 많이 함유하고 있는 발효종은, 냉동하면 물의 부피가 팽창해서 발효종균이 손상되어 사멸할 위험성이 있다.

Q. 발효종을 넣는 밀폐용기는 매번 소독하는 것이 좋나요?

A. 물로 깨끗이 씻어서 청결하게 해두면 소독이 필요 없지만, 만약 곰팡이가 발견되면 염소살균이나 열탕소독을 한다.

Q. 반죽이 끝났을 때 「반죽완성온도」가 되지 않으면 어떻게 해야 하나요?

A. 반죽의 양이 적을 경우, 완성된 반죽의 온도가 「반죽완성온도」보다 높다면 트레이에 반죽을 평평하게 깐 다음 식품온도계를 꽂아 냉장고에 넣는다. 「반죽완성온도」로 내려가면 반죽을 다시 뭉쳐서 밀폐용기에 담아 발효시킨다. 반대로 완성 반죽의 온도가 낮다면, 트레이에 반죽을 평평하게 깐 다음 식품온도계를 꽂아 40℃ 정도에서 중탕으로 데운다. 「반죽완성온도」로 올라가 반죽을 다시 뭉쳐서 밀폐용기에 담아 발효시킨다.

지은이 **Makoto Hotta**

1971년생으로 제빵교실인 《로티 오랑(roti orang)》을 운영하고 있으며, 《NCA나고야 커뮤니케이션 아트 전문학교》의 비상근 강사이다. 고등학생 때 스위스의 친척집에서 먹었던 검은 빵에 감동하고 대학생 때 효모 연구실에서 공부한 것을 계기로 빵에 흥미를 갖게 되어, 급식빵 등을 취급하는 대규모 빵 공장에 취업하였다. 공장에서 만난 동료에게 일본의 유명한 빵집인 《시니피앙 시니피에(도쿄, 미슈쿠)》의 시가[志賀] 셰프를 소개받아 본격적으로 빵 만들기를 시작했다. 그 뒤, 시가 셰프의 제자였던 3명의 셰프와 함께 베이커리 카페 《오랑》을 개업하였고, 제과회사인 《유하임》에서 새로운 점포를 여는 일에 참여한 뒤 다시 시가 셰프의 가르침을 받았다. 《시니피앙 시니피에》에 3년 동안 근무한 다음, 2010년 제빵교실인 《로티 오랑(도쿄, 고마에)》을 시작하였다. 저서로 『스타우브로 만드는 빵』, 『프로가 되기 위한 빵교과서』, 『요구르트 효모로 빵을 굽다』 등이 있다. http://roti-orang.seesaa.net/

옮긴이 **용동희**

서강대학교 화학공학 석사, 경희대학교 조리 외식 석사를 졸업하고 다양한 분야를 넘나들며 활동하는 푸드디렉터이다. 스타일링, 메뉴 개발, 외식컨설팅 등 활발한 행보를 이어가고 있으며, 현재 콘텐츠 그룹 CR403에서 요리와 스토리텔링을 담당하고 있다. 또한 일본 요리책을 한국에 소개하는 요리 전문 번역가로도 활동하고 있다. 저서로는 『찬국수』, 『당신에게 드리는 도시락 선물』, 『아이와 함께하는 행복한 요리』, 『살림의 기술』 등이 있으며, 역서로는 『프로가 되기 위한 빵교과서』, 『가정오븐으로 만드는 홈베이킹 시리즈_ 바게트·식빵·스펀지 생지』, 『바로 굽는 냉동생지 베이킹』, 『봄, 여름, 가을, 겨울 과일을 맛있게 사랑하는 114가지의 방법』, 『언제나, 나의 집밥 인기베스트 104』 등이 있다.

아무도 가르쳐주지 않았던
프로가 되기 위한
빵 교 과 서
자 연 발 효 종

펴낸이 유재영 | 펴낸곳 그린쿡 | 지은이 홋타 마코토 | 옮긴이 용동희
기 획 이화진 | 편 집 박선희, 이준혁 | 디자인 정민애

1판 1쇄 2020년 5월 10일
1판 2쇄 2023년 4월 15일
출판등록 1987년 11월 27일 제10-149
주소 04083 서울 마포구 토정로 53 (합정동)
전화 324-6130, 6131
팩스 324-6135

E메일 dhsbook@hanmail.net
홈페이지 www.donghaksa.co.kr
　　　　　www.green-home.co.kr
페이스북 www.facebook.com / greenhomecook

ISBN 978-89-7190-729-0 13590

- 이 책은 실로 꿰맨 사철제본으로 튼튼합니다 .
- 잘못된 책은 구매처에서 교환하시고, 출판사 교환이 필요할 경우에는 사유를 적어 도서와 함께 위의 주소로 보내주세요.

일본어판 스태프

디자인 Taro Kohashi(Yep) | 촬영 Takeharu Hioki | 스타일링 Yoko Ikemizu
조리 어시스턴트 Momoe Kojima, Yui Takai, Mai Ihara, Kyoko Takaishi, Tomomi Kosasa | 기획·편집 Mitsuko Kohashi(Yep)